江晓原作品集・乙编

江晓原作品集·乙编

天学外史

江晓原 著

上海交通大学出版社
SHANGHAI JIAO TONG UNIVERSITY PRESS

内容提要

作者在大量研究成果的基础上，将中国古代天学置于中国传统社会文化和世界天文学发展这两大背景之下展开论述，内容包括：古代天学的政治与社会功能；中国的官营天学传统；《周髀算经》与印度、希腊天文学的关系；印度、巴比伦天文学在中国和日本的传播；中国与伊斯兰天文学的交流；近代西方天文学传入中国及其所造成的影响与思想冲突；天文学史的方法论问题；古代中国的宇宙理论；重要的现存"天学秘籍"；如何看待古代中国的天学遗产。全书深入浅出，适合广大历史爱好者阅读。

图书在版编目（CIP）数据

天学外史 / 江晓原著. —上海：上海交通大学出版社，2016
ISBN 978-7-313-14665-6

Ⅰ.①天… Ⅱ.①江… Ⅲ.①天文学史—研究—中国—古代 Ⅳ.①P1-092

中国版本图书馆CIP数据核字（2016）第056731号

本书由上海文化发展基金会图书出版专项基金资助出版
本书出版由上海科普图书创作出版专项资助

天学外史

著　　者：江晓原
出版发行：上海交通大学出版社　　　　　地　　址：上海市番禺路 951 号
邮政编码：200030　　　　　　　　　　　电　　话：021-64071208
出 版 人：韩建民
印　　制：北京玥实印刷有限公司　　　　经　　销：全国新华书店
开　　本：787mm×960mm　1/16　　　　印　　张：17.25
字　　数：233 千字
版　　次：2016 年 6 月第 1 版　　　　　印　　次：2016 年 6 月第 1 次印刷
书　　号：ISBN 978-7-313-14665-6 / P
定　　价：48.00 元

目 录 | CONTENTS

宙模型之改造 / 哥白尼宇宙模型在中国之传播 / 宇宙模型的真实性与运行机制之争

第十二章　明清之际的东西碰撞　/ 206

发端于明朝遗民的"西学中源"说 / 康熙帝的大力提倡 / 梅文鼎热烈响应康熙帝的号召 / 众学者推波助澜 / "西学中源"说产生的背景 / 徐光启与方以智 / 对"西学中源"说的批判和争论 / 康熙帝之历史功过 /17 世纪中国有没有"科学革命"？

第十三章　中国天学留下的遗产　/ 228

农、医、天、算：中国古代号称发达的学问 / 中国天学留下的三类遗产 / 可以古为今用的遗产案例之一：新星与超新星爆发 / 可以古为今用的遗产案例之二：天狼星颜色问题 / 可以解决历史年代学问题的遗产案例：武王伐纣之年代与天象 / 最大的遗产是什么？

序

　　7 年前，当晓原兄的大作《天学真原》完稿时，曾邀我撰写序言。当时，在斗胆撰写的那篇序言中，针对中国科学史研究的状况，我曾在很大程度上脱开原书，就有关科学史和历史的辉格解释问题作了一番议论，其实，这一问题与《天学真原》一书的立意倒也关系颇为密切。而《天学真原》一书出版后，确实引起了很好的反响，甚至直到 7 年后的今日，在众多关于中国古代科学史的专著中，仍别具特色，仍有高度赞扬和激烈批判的书评在次第发表。当然，以晓原兄学问之功力，以及选题视角之新颖，史料之扎实丰富，《天学真原》一书能取得如此成功，也是意料之中的事。

　　7 年后，当《天学真原》的姊妹篇《天学外史》写就，即将付梓之时，晓原兄再嘱我为之作序。一方面，虽然仍以为作序既非以我辈之资格宜作之事，亦非可用来畅所欲言之场合，但承晓原兄抬举，加之 7 年前已"斗胆"唱过些"反调"，想来即使再撰序言，至多也不过使"罪行"加重一些而已。其次，虽然我于天文学史，特别是中国古代天文学史是外行，但对于这一领域近来的研究进展，倒是很有关注的兴趣，对于相关的科学编史学问题，也有些想法，于是正好借此作序之机会，再拉杂谈些感想，起码，是讲些实话——尽管"实话实说"现在也还往往是一件很难做到的事。

　　晓原兄这本书取名为《天学外史》。仅从此书名中，就可约略地看出作者的基本倾向：之所以称"天学"，而非"天文学"，不论在以前的《天学真原》一书中，还是在这本《天学外史》题为"古代中国什么人需要天学？"的第二章中，作者均有详细的论述，大致说来是为了将中国古代有关"天文"的种种理论，与目前通用的、由西方传入的现代天文学相区分。这是一种很重要的区分，鲜明地表达了作者的立场。至于"外史"一词，则明确地表达了作者研究方略的取向。

一段时间以来，由于我曾对科学史的基本理论问题，或者说科学编史学问题做过些研究，因而，对于来自西方科学史和科学哲学界的 external history 一词，自各种文章和著作中，也不止一次地用到。国内科学史和科学哲学界，通常将此词译作"外史"，以对应于 internal history（即内史）的概念。记得几年前，在一次与物理学史老前辈戈革先生的交谈中，戈革先生曾提到，这种用法与中国历史上对内史一词原有的用法是不一致的。因为在中国历史上，"外史"的概念本来是与"正史"相对应，其意义更接近于野史。类似的例子还有像我国科学史界常用的"通史"一词，在中国历史上，通史本是相对于断代史，而不是像现在那样与科学史中"学科史"相对来指汇集了各门科学学科的历史，因而，如果考虑到已存在的用法，还是用"综合史"而非"通史"来与"学科史"对应为好。当然，这已经涉及与科学史相关的近代西方概念在中译时，与中国历史上原有的用语的关系的问题。

正因为存在在概念的翻译和使用上的这种复杂局面，晓原兄在其新作《天学外史》第一章绪论中，专门讨论了他对"外史"这一重要概念的三重理解。这也可以说是我国在从事具体科学史研究的科学史工作者中不常见的、结合本人研究实践来讨论科学编史学问题的一篇有特色的文章。

或许，也正是由于晓原兄勤于对有关科学史理论问题的思考，才使他的研究独具特色。《天学外史》一书，在继承了《天学真原》一书原有的良好倾向的基础上，对许多问题又作了进一步的新探索，提出了许多大胆但又言之有据的论点，包括对许多权威们的观点的挑战。其中，我最感兴趣的，还是他对于中国古代"天学"的本来性质、功能，以及与我们现在通常所谈的"天文学"，也即西方近代天文学的差别的深入讨论。当然，这样的论点很可能会使那些站在"爱国主义"的立场，过分拔高中国古代的"科学成就"，以极端辉格式的做法试图论证在所有科学学科和重要的科学问题上都是"中国第一"的人们，感到很不舒服。

我这样讲并非没有根据。虽然在本书的绪论中，晓原兄回忆了他1986年在山东烟台召开的一次全国科学史理论研讨会上发表了题为《爱国主义教育不应成为科技史研究的目的》的大会报告，以及在当时引起激烈争论的往事，并认为："如果说我的上述观点当时还显得非常激进的话，那么在十年后的今天，这样的观点对于许多学者来说早已是非常容易接受的了。"但我以为，事实并非完全如此。就在最近，报刊上有关中国古代有无科学的热烈争论就很清楚地表明，像晓原兄的这类观点还是会有许多反对者，甚至激烈的反对者的。

在近来关于中国古代有无科学的讨论中，从历史研究的方法上来说，许多持中国古代确有科学者，实际上是对科学一词在不同语境下的不同意义视而不见。

科学，这个词在中文和英文中都有不同的所指。在最常见的用法中，所指的就是诞生于欧洲的近代科学。而在其他用法中，或是把技术也包括在内，或者甚至还可以指正确、有效的方法、观念等等，等等。当我们讲比如说中国宋代科学史，或印度古代科学史，或古希腊科学史时，所用的"科学"一词的含义，显然也不是在其最常见的用法中所指的近代科学，尽管古希腊的传统与欧洲近代科学一脉相承，而中国或印度古代的"科学"，却完全是另一码事。而欧洲近代科学的重要特点之一，在于它是一种体系化了的对自然界的认识。正像我国早就有学者提出，中国古代没有物理学，只有物理学知识。这里之所以用物理学知识，正是指它们不是对自然界体系化了的系统认识。而这当然也并不妨碍我们仍然使用中国古代物理学史的说法，来指对于中国古代物理学知识的认识和发展的研究。对于中国古代天文学史，情况自然也是一样。而《天学真原》以及《天学外史》在对"中国古代天文学史"（如果我们仍可以这样说的话）的研究中，突出地使用

"天学"的概念，而不用"天文学"的概念，也正是为回避以相同术语指称不同对象而可能带来的概念混乱。

其实，在有关中国古代究竟有无科学的讨论中，许多人之所以极力地论证中国古代就有科学，其根本原因在于某种更深层的动机。例如，有人就曾明确地谈到："当今相当多的中国科学技术人员，特别是青年一代，自幼深受科学技术'欧洲中心论'的教育，对中国优秀传统文化知之不多，甚至很不了解。当务之急是亟待提高认识，树立民族自信心的问题，而不是'大家陶醉'于祖先的成就的问题。"照此看来，要想达到这样的目标，不要说大学的课本，恐怕中国从小学到中学的现行科学课本都得推倒重写，原因显而易见：其中有多少内容是来自中国自己的发现？有多少内容是中国古代的"科学"？如今，我们都在谈论科教兴国，那么，是否依靠那些与近代科学并没有什么联系的中国古代的"科学"，以及建筑在此基础上的民族自信心，就真的可以兴国了？答案显然是否定的。

如果对于有关的概念充分明确的话，可以说，中国古代究竟有无科学的问题并不是一个很复杂的问题。至少，对于中国古代有无天文学的问题，《天学外史》（当然也包括以前的《天学真原》）给出的答案是十分明确的。

这里所谈的，其实只是作序者在读了《天学外史》一书文稿后的一点随想而已。《天学外史》所涉及的问题自然远不止这些，在一篇序言中，也不可能包罗万象地论及所序之书的全部内容。更何况作序者的评价也只能代表本人，对一部作品，真正的评价，还应来自更广泛的读者。一部著作出版后，解读任务就留给了读者。不要说作序者，就连作者本人，也只能听任读者们的评判。但我相信，任何真正有见识的读者，肯定会在此书中发现有价值、有启发性的内容。

刘　兵

1998 年 9 月 6 日

于北京天坛东里

新版前言

本书初版于 1999 年，那时拙著《天学真原》问世已八年，略邀虚誉，次年获"中国图书奖"一等奖，此时已重印及再版数次，还在台湾地区出了繁体字版（1995），有好友称赏谓之"如侦探小说般好读"（今北京师范大学田松教授语），但也有好友认为"不够通俗"（已故戈革教授语）。那几年我对中国古代天学又有了一些新的考察和思考，恰遇上海人民出版社约稿，遂有姊妹篇《天学外史》之作，书中论述内容，正可与《天学真原》相互补充和印证。

写作《天学外史》时，因"不够通俗"之评言犹在耳，不免更加注意，力求深入浅出方便读者，希望妹妹比姐姐更有亲和力。但成效如何，并无把握。况且我尽管做了不少"通俗"努力，但仍保留最基本的学术文本形式，提供了比较重要的史料和文献出处。

结果出版三年后，2002 年，本书意外获得首届"吴大猷科学普及著作奖"佳作奖，大陆地区共五种著作获此荣誉。我一向不认为自己曾参与过"科普"工作，写本书时，也未将它作为"科普著作"来写，谁知却获此"科普大奖"，古人所谓"不虞之誉，求全之毁"，信有之乎！不过看来我在此书上的"通俗"努力，是获得认可了。

　　此次新版，内容保持不变，但因重新编辑排版，版面较初版美观了许多。

江晓原

2016 年 4 月 28 日

于上海交通大学科学史学院

引言

方程趣话 / 姊妹篇

1

1909 年，哲学家安东·汤姆森（Anton Thomsen）——他那时还是大物理学家尼耳斯·玻尔（Niels Bohr）的表姐夫，在收到玻尔寄赠给他的一篇物理学论文之后，给玻尔写了一封热情洋溢的感谢信，信的开头是这样的：

> 亲爱的尼耳斯，
>
> 多谢你寄来你的大作；我读它直到我碰到第一个方程，不幸它在第 2 页上就出现了。[1]

汤姆森并不讳言，他是不打算再往下读了。

80 年后，又一个大物理学家史蒂芬·霍金（Stephen Hawking）的名声如日中天，他在 1989 年 10 月的一次演讲中说：

> 通常需要方程才能学会科学。尽管方程是描述数学思想的简明而精确的方法和手段，（但）大部分人对之敬而远之。当我最

[1] 转引自 D. 否尔霍耳特：《尼耳斯·玻尔的哲学背景》，戈革译，科学出版社，1993 年版，第 88 页。

近写一部通俗著作时，有人提出忠告说，每放进一个方程都会使（书的）销售量减半。我引进了一个方程，即爱因斯坦著名的方程，$E=mc^2$。也许没有这个方程的话我能多卖出一倍数量的书。[1]

可见方程之讨厌，中外皆然。

今天的读者，可以说都受过中等以上的教育，其实每个人都曾受过有关方程的训练，不过大部分人在离开校门之后就逐渐把方程还给老师了。中学数学老师们要是想到这一层，一定怅然若失。

看了上面关于方程的趣话，读者肯定已经能够猜到，本书中将不会出现任何方程——这种书的销量本来就不会有多大，我可不想再减半。

2

本书是《天学真原》的姊妹篇。不过这两姊妹的装束有点不同。

《天学真原》中虽然也没有出现过方程，但形式上仍感到太严肃、沉重了一些。[2] 我打算在《天学外史》的形式上作一些新的尝试。本书中不再有三级的小标题，而代之以每章中顺序编号的、较短的小节，但这些小节的提要，则依次出现在目录中。叙述的思路脉络，在各个小节之间是连贯的。

本书是《天学真原》主题的延伸和扩展。既然是姊妹篇，《天学外史》和《天学真原》两书内容之间当然形成互补，彼详则此略，彼略则此详。《天学真原》之作，距今已八年矣。八年之间，同行的研究者们，我和我的研究生们，特别是那些后起之秀们，又取得了许多令人兴奋的新成果，这些自然要反映在本书中。

---

[1]　霍金：《霍金讲演录》，湖南科技出版社，1994 年版，第 21 页。

[2]　尽管有的读者竟认为《天学真原》也能引人入胜，例如《中华读书报》1998 年 3 月 11 日署名"读焰"的文章"抚摩上帝美妙的脉搏"中说："在我近年读过的书中，有三部学术性著作如侦探小说一般好读。其一是叶舒宪《中国神话哲学》，其二是江晓原《天学真原》，其三就是……。"

第一章 绪论

外史的三重含义 / 科学史可以视为历史学的一个分支 / 保留"真实的历史"这一梦想为好 / 爱国主义教育不是科学史研究的目的 / 编年史方法、概念分析方法和社会学方法 / 从内史到外史 / 中国天文学史的特殊地位 / 90 年代以来的"外史倾向" / 天文学史上的中外交流 / 沟通两种文化的桥梁 / 外史研究的三重动因

1

本书"外史"之名，有三重含义。

其一，按照中国古代的一些用法，"外史"是与"正史"相对应的。比如要讨论汉武帝其人，若《汉书·武帝纪》是正史，则《汉武故事》之类的文献就是外史了。使外史之名大著的，或可推吴敬梓的《儒林外史》，此后袭用其命名之意的作品还有不少。如今，中国天文学史整理研究小组编著的《中国天文学史》（主要出于席泽宗和薄树人之手）和陈遵妫编著的《中国天文学史》——从某种意义上来说正是中国天文学史的"武帝纪"——早已出版多年，珠玉在前，尚难逾越（不过也可以考虑修订了），所缺者正是外史。

其二，是我自己杜撰的含义。在古代中外天文学的交流与比较研究方面，史迹斑斑可考，本应包括在"正史"之内，但上述两部《中国天文学史》中都涉及太少（这是当年国内这方面研究成果过于贫乏之故），后来我的《天学真原》中也只有一章——尽管是最长的一章——正面讨论古代中外天文学的交流。在本书中，这方面的内容和背景将进一步得到重视。事实上，如果允许稍微作一点夸张，我们可以说，一部中国古代的天文学史，同时也正是一部中外天文学交流史，此"外史"之第二义也。

其三，就科学史研究的专业角度言之，外史与内史相对而言——这也可以说是"外史"一词最"严肃"的含义。内史主要研究某一学科本身发展的过程，包括重要的事件、成就、仪器、方法、著作、人物等等，以及与此相关的年代问题。上面提到的两部《中国天文学史》就是典型的内史著作。外史则侧重于研究该学科发展过程中与外部环境之间的相互影响和作用，以及该学科在历史上的社会功能和文化性质；而这外部环境可以包括政治、经济、军事、风俗、地理、文化等许多方面。1991 年出版的拙著《天学真原》，在这一意义上，算是关于中国天文学史的第一部外史研究专著。

2

科学史是跨越科学和历史两大领域的交叉学科。源头虽然可以说相当古老，但是真正的现代形态直到 20 世纪方才确立。如今在国内，科学史研究者主要是依附在"科学"的阵营中。例如：作为国内科学史研究"正统"所在、也是中国科学技术史学会挂靠单位的自然科学史研究所，就是属中国科学院管辖；而散布在全国高校中的数学史、物理史、化学史等方面的研究者，通常也都相应在数学系、物理系、化学系任教；我本人则供职于中国科学院上海天文台——我的"正行"正是天文学史。这种局面，与国外许多科学史研究者常依附于大学历史系有很大不同。事实上，科学史研究虽然需要专业的科学知识（这使科学史研究者与一般的历史学家相比显得远不是同一类人，而与科学家似乎更靠近一些），但就研究的本质而言，它与历史学的亲缘关系显然要近得多。将科学史视为历史学的一个分支，在理论上是可行的，在实践中也是有益的。

3

这样一来，我们就难免会被引导到某些历史学的基本理论问题上去。国内几十年前"以论带史"还是"论从史出"的陈旧争论早已被时代抛弃，国外各种史学理论则或多或少被介绍进来。"真实的历史"初听起来——或者说只是在我们的下意识里——似乎仍然是一个天经地义应该追求的目标，实际上却是难以达到的境界。有人说，如今在美国，谁要是宣称他自己能够获得"真实的历史"，那就将因理论上的陈旧落伍而失去在大学教书的资格。这或许是一种夸张的说法，不过在比较深入的思考之下，"真实的历史"确实已经成为一个难圆之梦。现在的问题是：若明知为难圆之梦，我们要不要就此抛弃这一梦想？就我个人而言，我觉得还是保留这一梦想为好——人类毕竟不能没有梦想。

上面这些问题，以往国内科学史界通常是不考虑的，历史学界也很少考虑。许多论文（包括我自己先前的在内）都想当然地相信自己正在给出"真实的历史"。当然，从另外一个角度看问题的也一直大有人在，例如思想一向非常活跃的李志超教授最近发表的论述中，有如下的话：

> 科学史学不无主观性，这已是事实了，……科学史作为一门科学，必须力争其成为"信史"，这是"真"的评价。做到这点也是个过程，不是苛求立成的。大家公认这是努力的目标，也就行了。
>
> 史而无情，不知其可也！歌颂也好，批判也好，不可无理，更不可无情。……一般史学处理的史事，有善有恶，有成有败，有歌颂也有鞭笞。而科学史处理的史事则主要是善而有成的，因而是歌颂性的。中国科学史至少对中国人是要为后代垂风立范，作为一种道德教材流行于世。……仅仅搜罗发掘史料也不是科学史的最终目标，史料要用之于教。对于文学性的虚拟不必绝对排斥，只要保护史料不受破坏。[1]

---

[1] 李志超：《天人古义——中国科学史论纲》，河南教育出版社，1995年版，第9页。

这里"真实的历史"也已被推到似乎是可望不可及的远处，而套用古人成语的"史而无情，不知其可也"，确实可以成为一句极精彩的名言——当然这也要看从什么角度去理解。然而要将科学史做成"道德教材"，我想如今必定已有越来越多的人不敢苟同了——除非此话别有深意？在这个问题上，重温顾颉刚将近70年前的论述是有益的，顾颉刚说：

> 一件事实的美丑善恶同我们没有关系，我们的职务不过说明这一件事实而已。但是政治家要发扬民族精神，教育家要改良风俗，都可以从我们这里取材料去，由他们别择了应用。[1]

"必须力争其成为'信史'"与"说明这一件事实"本是相通的，况且科学史所处理的史事也远不都是善而有成的。

4

这就不免使人回忆起十年前的往事。1986年在山东烟台召开的一次科学史理论研讨会上，我斗胆发表了题为《爱国主义教育不应成为科技史研究的目的》的大会报告。大意是说，如果"主题先行"，以对群众进行爱国主义教育为预先设定的目标，就会妨碍科学史研究之求真——我那时还是"真实的历史"的朴素信仰者。[2] 报告在会上引起了激烈争论，致使会议主持人不得不多次吁请与会者不要因为这场争论而妨碍其他议题的讨论。对于我的论点，会上明显分成了两派：反对或持保留态度的，多半是较为年长的科学史研究者；而青年学者们则热情支持我的论点并勇敢为之辩护。如果说我的上述观点当时还显得

[1] 顾颉刚:《谜史》序，见钱南扬《谜史》，上海文艺出版社，1986年版，第8页。

[2] 这篇报告后来发表在《大自然探索》5卷4期（1986）。

非常激进的话，那么在十年后的今天，这样的观点对于许多学者来说早已是非常容易接受的了。其实这种观点在本质上与上引顾颉刚 70 年前的说法并无不同。

搞科学史研究，越是考思基本的理论问题，"烦恼"也就越多。本来，如果坚信"真实的历史"是可望可及的境界，那就很容易做到理直气壮；或者，一开始就以进行某种道德教育为目的，那虽然不能提供真实的历史，却也完全可以问心无愧（如果再考虑到"真实的历史"本来就是可望不可及的，那就将更加问心无愧）。

然而要是你既不信"真实的历史"为可及，又不愿将进行道德教育预设为自己研究的目的，那科学史到底如何搞法？

5

其实倒也不必过于烦恼，出路还是有的，而且不止一条。

科学史研究，与其他学术活动一样，是一种智力活动，有它自己的"游戏规则"；按照学术规则运作，这就是科学史研究应有的"搞法"，同时也就使科学史研究具有了意义（什么意义，可以因人而异，见仁见智）。而所谓"搞法"——也就是上面所说的"出路"，比较有成效的至少已有三种：

第一种是实证主义的编年史方法。这种方法在古代史学中早已被使用，也是现代形态的科学史研究中仍在大量使用的方法，在目前国内科学史界则仍是最主要的方法。在中国，这种方法与当年乾嘉诸老的考据之法有一脉相承之处。编年史的方法主要是以年代为线索，对史事进行梳理考证，力图勾画出历史的准确面貌。前面提到的两部同名的《中国天文学史》，就是使用编年史方法的结晶。此法的优点，首先是无论在什么情况下都不可能不在一定程度上使用它。其弊则在于有时难免流于琐碎，或是将研究变成"成就年表"的编制而缺乏深刻的思想。

第二种是思想史学派的概念分析方法。这种方法在科学史研究中的使用，大体到 20 世纪初才出现。这种方法主张研究原始文献——主要不是为了发现其中有多少成就，而是为了研究这些文献的作者当时究竟是怎么想的，重视的是思想概念的发展和演化。体现这种方法的科学史著作，较著名的有 1939 年柯瓦雷（A.Koyre）的《伽利略研究》和 1949 年巴特菲尔德（H.Butterfield）的《近代科学的起源》等。巴特菲尔德反对将科学史研究变成编制"成就年表"的工作，认为如果这样的话：

> 我们这部科学史的整个结构就是无生命的，它的整个形式也就受到了歪曲。事实已经证明，了解早期科学家们遭受的失败和他们提出的错误的假说，考察在特定时期中看来是不可逾越的特殊的知识障碍，甚至研究虽已陷入盲谷，但总的来说对科学进步仍有影响的那些科学发展的过程，几乎是更为有益的。[1]

思想史学派的概念分析方法以及在这种方法指导下所产生的研究成果，在国内科学史界影响很小。至于国内近年亦有标举为"科学思想史"的著作，则属于另外一种路数——国内似乎通常将"科学思想史"理解为科学史下面的一个分支，而不是一种指导科学史研究的方法。

与上述两种方法并列的，是 20 世纪出现的第三种方法，即社会学的方法。1931 年，苏联科学史家在第二届国际科学史大会上发表了题为"牛顿《原理》的社会经济根源"的论文，标志着马克思主义特有的科学史研究方法的出现。这种方法此后得到一些左翼科学史家的追随，1939 年贝尔纳（J.D.Bernal）的《科学的社会功能》是这方面有代表性的著作。而几乎与此同时，默顿（R.K.Merton）的名著《十七世纪英国的科学、技术与社会》也问世了（1938 年），成为科学

---

[1] 巴特菲尔德：《近代科学的起源》，张丽萍等译，华夏出版社，1988 年版，第 2—3 页。

社会学方面开创性的著作，这是以社会学方法研究科学史的更重要的派别。

6

以上三种方法，从本质上说未必有优劣高下之分，在使用时也很难截然分开。然而思想史和社会学的方法，作为后起的科学史研究方法，确实有将科学史研究从古老的编年史方法进一步引向深入之功。至于这两种方法相互之间的关系和作用，吴国盛有很好的认识：

> 思想史和社会史方法作为对科学发展的两种解释，有它们各自独到的地方，但也都有不足之处。这些不足之处虽已被广泛而且深入地讨论过，但是一种新的对内史和外史的更高层次的综合尚未出现，也许，以新的综合取代它们根本就是不可能的，也许在理解科学的发展方面，它们都享有基础地位，唯有两者的互补才能构成一部完整的科学史。[1]

这里我们不免又要回到内史、外史的问题上来。其实传统的编年史方法正是以前作纯内史研究的不二法门，国内以往大量的科学史论著都证明了这一点（然而真正的深湛之作，却也不能不适度引入思想史方法），而成功的外史研究则无论如何不能不借助于社会学的方法。

从内史到外史，并非研究对象的简单扩展，而是思路和视角的重大转换。就纯粹的内史而言，是将科学史看成科学自身的历史（至少就国内以往的情况看来基本是如此）；而外史研究要求将科学史看成整个人类文明史的一个组成部分。由于思路的拓展和视角的转换，同一个对象被置于不同的背景之中，它所呈现出来的情状和意义也就大不相同了。

---

[1] 吴国盛编：《科学思想史指南》，四川教育出版社，1994 年版，第 11 页。

7

20世纪80年代之前，中国的专业天文学史研究可以标举出两大特点：其一为充分运用现代天文学原理及方法，从而保证研究工作具有现代的科学形态；其二则是远绍乾嘉考据之余绪，并以整理国故、阐扬传统成就为己任，并希望以此提高民族自尊心和自信心。这两大特点决定了研究工作的选题和风格——基本上只选择内史课题，以考证、验算及阐释古代中国天文学成就为指归。

经过数十年的积累，中国天文学史研究在内史方面渐臻宏大完备之境。这些研究成果中有许多是功力深厚之作，直至今日仍堪为后学楷模。代表人物有席泽宗、薄树人、陈美东、陈久金等。能够比较集中反映这方面主要成果的，有前面提到的两部同名《中国天文学史》、潘鼐的《中国恒星观测史》、陈久金的论文集《陈久金集》和陈美东的《古历新探》。其中值得特别提到的是1955年席泽宗的《古新星新表》及其续作，全面整理了中国古代对新星和超新星爆发的记载并证认其确切的天区位置，为20世纪60年代国际上天体物理学发展的新高潮提供了不可替代的长期历史资料，成为中国天文学工作在国际上知名度最大的成果（参见本书第十三章第3节）。此举也为中国天文学史研究创生了新的分支——即整理考证古代天象记录以供现代天文学课题研究之用。[1] 中国天文学史研究成果之宏富，使它雄踞于中国科学史研究中的领衔地位数十年，至今犹如是也。

8

随着中国天文学史内史研究的日益完备深入，无可讳言，在这一

---

[1] 由于中国古代的天象记录在时间上长期持续，在门类上非常完备，而且数量极大，因此吸引了不少中外研究者在这一分支上进行工作。不过有人已经指出，利用古代资料研究现代天文课题，严格地说并不是一种天文学史工作，而是现代天文学的研究工作。当然我们也可以将这种区分视为概念游戏而不加以认真对待。

方向上取得激动人心的重大成果之可能性已经明显下降。因为前贤已将基本格局和主要框架构建完毕，留给后人的，大部分只是添砖加瓦型的课题了。至于再想取得类似《古新星新表》那样轰动的成果，更可以说是已经绝无可能！而且，随着研究的日益深入，许多问题如果仍然拘泥于纯内史研究的格局中，也已经无法获得解决。

进入 20 世纪 80 年代，一些国内外因素适逢其会，使中国天文学史研究出现了新的趋势。一方面，"文革"结束后国内培养出来的新一代研究生进入科学史领域。他们接受专业训练期间的时代风云，在一定程度上对他们中间某些人的专业兴趣不无影响——他们往往不喜欢远绍乾嘉余绪的风格（这当然绝不能说明这种风格的优劣），又不满足于仅做一些添砖加瓦型的课题，因而创新之心甚切。另一方面，改革开放使国内科学史界从封闭状态中走出来，了解到在国际上一种新的趋势已然兴起。这种趋势可简称之为科学史研究中的"外史倾向"，即转换视角，更多地注意科学在自身发展过程中与社会 – 文化背景之间的相互影响。举例来说，1990 年在英国剑桥召开的第六届国际中国科学史学术讨论会上，安排了三组大会报告，而其中第一、第二组的主题分别是"古代中国天文数学与社会及政治之关系"和"古代中国医学的社会组织"，这无疑是"外史倾向"得到强调和倡导的表现。

以上因素的交会触发了新的动向。1991 年拙著《天学真原》问世之后，受到国内和海外、同辈和前辈同行的普遍好评，这一点实在颇出我意料之外。我曾认为书中不少较为"激进"的结论可能很难立即被认可，但结果表明这已属过虑。《天学真原》已于 1992 年、1995 年、1997 年三次重印，并于 1995 年在中国台湾出了繁体字版。在国内近年一系列"外史倾向"的科学史论著（包括硕士、博士论文）中，《天学真原》都被列为重要的参考文献。国际科学史研究院院士、台湾师范大学的洪万生教授，曾在淡江大学的中国科技史课程中专开了"推介《天学真原》兼论中国科学史的研究与展望"一讲，[1] 并称誉此书"开

---

[1] 《科学史通讯》（中国台湾），第 11 期（1992）。

创了中国天文学史研究之新纪元"——这样的考语在我个人自然愧不敢当，不过《天学真原》被广泛接受这一事实，或许表明国内科学史研究"外史倾向"的新阶段真的已经开始到来？

9

在"外史倾向"的影响下，关于古代东西方天文学的交流与比较研究也日益引人注目。以往这方面的绝大部分研究成果来自西方和日本汉学家，中国学者偶有较重要的成果（比如郭沫若的《释支干》，考论上古中国天文学与巴比伦之关系），也多不出于专业天文学史研究者之手。这种情形直到 20 世纪 80 年代才有了较为明显的改观，在国内外学术刊物上出现了一系列有关论文，论题包括明末耶稣会传教士在华传播的西方天文学及其溯源、古代巴比伦、印度、埃及天文学与中土之关系、古代伊斯兰天文学与中国天文学的关系，等等。

天文学史研究之所以能够在古代文明交流史的研究中扮演特殊角色，是因为天文学在古代，几乎是唯一的精密科学。在古代文明交流中，虽有许多成分难以明确区分它们是自发产生还是外界输入，但是与天文学有关的内容（如星表、天文仪器、基本天文参数等）则比较容易被辨认出来，这就有可能为扑朔迷离的古代文明交流提供某些明确线索。

天文学史研究还可以帮助历史学、考古学解决年代学问题。由于许多古代曾经发生过的天象，都可以用现代天文学方法准确回推出来。因此那些记载中有着当时足够多的天象细节的重大历史事件（比如武王伐纣）发生于何年、那些在其中保存了天象记录的古籍（比如《左传》）成书于何代，都有可能借助于天文学史研究来加以确定。国家"九五"重大科研项目《夏商周断代工程》中有 11 个天文学史专题，就是这方面最生动的例证。

在宗教史研究领域，天文学史也日益受到特殊的重视。在历史上，宗教的传播往往倚重天文星占之学,以此来打动人心并获取统治者的重视。远者如六朝隋唐时代佛教(尤其是密宗)之输入中土,稍近者如明清之际基督教之大举来华,都是明显的例子。近年有些国际宗教史会议特邀天文学史专家参加,就是出于这方面的考虑。

凡此种种,也都是促进外史研究的契机和温床。

10

现代文明的高速发展,使得自然科学与人文科学之间的距离越来越遥远。昔日亚里士多德那样博学的天才大师,如今已成天方夜谭。这当然并非好事,只是人类为获得现代文明而被迫付出的代价罢了。有识之士很早就在为此担忧。还在 20 世纪初,当时的哈佛大学校长康奈特(J.B.Conant)建议用"科学与学术"的提法来兼顾两者,就已经受到热烈欢迎。那时,"科学史之父"萨顿博士(George Sarton)正在大声疾呼,要在人文学者和自然科学家之间建立一座桥梁,他选定的这座桥梁不是别的——当然正是科学史;他认为"建造这座桥梁是我们这个时代的主要文化需要"。[1]

然而半个多世纪过去,萨顿博士所呼唤的桥梁不仅没有建成通车,两岸的距离倒变得更加遥远。不过对于这个问题,西方学者毕竟能够给予更多的关注(与我们国内的情况相比)。斯诺(Charles Percy Snow——当然不是那个去过延安的记者)1959 年在剑桥大学的著名演讲《两种文化·再谈两种文化》,深刻讨论了当代社会中自然科学与人文科学日益疏远的状况及其带来的困境,在当时能够激起国际性的热烈反响和讨论,就是一个明显的例证。而在国内,如果说萨顿博士所呼唤的桥梁也已经建造了一小部分的话,那么这一小部分却完全被看作是自然科学那一岸上的附属建筑物,大多数的旁人几乎不理解,许

---

[1] 萨顿:《科学史与新人文主义》,陈恒六等译,华夏出版社,1989 年版,第 51 页。

多造桥人自己也没有萨顿博士沟通两岸的一片婆心。

11

到此为止，我们已经可以看到外史研究的三重动因：

科学史研究自身深入发展的需要，此其一也。

科学史研究者拓展新的研究领域的需要，此其二也。

将人类文明视为一个整体，着眼于沟通自然科学与人文科学，此其三也。

前两种动因产生于科学史研究者群体之内，第三种动因则可能吸引人文学者加入到科学史研究的队伍中来——事实上这种现象近年在国外已不时可见。

就天文学史这一研究领域而言，随着"外史倾向"的兴起，正日益融入文明史－文化史研究的大背景之中，构成科学－文化交会互动的历史观照。与先前的研究状况相比，如今视野更加广阔，色彩更加丰富，由此也就对研究者的知识结构和学术素养提出了更高的要求。简单说来，今天的天文学史研究者既需要接受正规的天文学专业训练，又必须具备至少不低于一般人文学者的文科素养。在自然科学和人文学术日益分离的今天，上述苛刻的条件已经极大地限制着天文学史研究队伍的补充，更何况又是在学术大受冷落的时代！

然而稍可庆幸者，是天文学史这样一个小分支学科并不需要多少研究者去从事，而满足上述苛刻条件同时又肯自甘清贫寂寞的"怪物"，以中国之大，大约总还是会出现几个的吧？我想这就够了。

第二章　古代中国什么人需要天学？

天文学的用处 / 天文学在古代社会起什么作用 / "天文学为农业服务"说之谬 / "天文"的含义 / 中国古代有没有现代意义上的天文学？ / 古希腊的天文学才是现代意义上的天文学 /《周髀算经》是中国历史上唯一的公理化尝试 / 中国古代首先是帝王需要天文学 /《尚书·尧典》之释读 / 通天者王——中国古代政治天文学之精义

观乎天文，
以察时变；
观乎人文，
以化成天下。

——《易·象·贲》

仰以观于天文，
俯以察于地理。

——《易·系辞上》

什么人需要天学，这是一个古今答案大异其趣的问题。今人从今日的观念出发，"想当然耳"以推论古时情境与古人之意，此误解与偏见之所由生也。我们必须先弄清中国古代的天学究竟是何种事物，然后再设法解答在中国古代什么人需要天学。

1

在 1996 年 3 月 8 日（只是表示我写到这一章的日子而已，并无深意），如果你去问一位天文学家："天文学有什么用？"你这一问很可能被误认为有挑衅性——因为中国的天文学此时正经历着"转轨时期"，正承受着被排斥于"经济建设主战场"之外所带来的种种痛苦，经费短缺，人心浮动；认为天文学出不了任何经济效益、因而简直就是无用之物者不乏其人，天文学家难免会有一点神经过敏。

天文学在今天的"实际"用处，当然也可以说出一些，比如授时、导航、为航天事业服务之类，但是天文学最大的"用处"，毕竟是很"虚"的——那就是**探索自然**，从地球开始向外探索，而太阳系、而银河系、而整个宇宙，探索它们的发生、现状和演变。这种"用处"，当然没有功利、没有直接的经济效益，故而鼠目寸光、急功近利之辈视之为无用，也很容易理解。然而人类需要这样的探索，"无用之用，将为大用"，也早已是发达国家普遍的共识。

因此在现代社会中，需要天文学探索自然之大用的，只能说是社会，或者说是科学。而不会是某个个人或某种社会集团。

2

天文学在现代社会中的作用与地位既然如此，那它在古代的作用与地位想必也大致相同了？但是我们千万不能忘记，现代人既未置身于古代社会中生活过，则"以今人之心，度古人之腹"的弊病，在论述古代事物时，颇难避免。即使是大有学问之人，有时也未能免俗。关于古今天文学之大异，就有这样的情形。

多年以来，国内许多论著都将下面这句话奉为论述古代天文学起源及作用的金科玉律：

> 首先是天文学——游牧民族和农业民族为了定季节，就已经绝对需要它。[1]

---

[1]　恩格斯：《自然辩证法》。

细究起来，这句话本身并无什么错误。问题在于，因为是"圣人之言"，自然被奉为金科玉律，结果研究思考的思路从一开始就在不知不觉中被限制住了——"农业民族为了定季节"，放之中国古代，自然就是为农业服务。于是"天文学为农业服务"、"历法为农业服务"之类的固定说法，长期成为论述中国古代天学时的出发点。而天文历法为别的对象服务的可能性就完全被排除在思考的范围之外了。

更大的问题在于，从上面的出发点出发去思考，就会很自然地将古代中国的天学看成一种既能为生产服务、同时又以探索自然为己任的科学技术（现代科学技术正是如此）——这一点在表面上看起来是如此顺理成章，而实际上却离开历史事实非常之远！

3

农民种地要掌握节令，这被认为是"天文学为农业服务"之说的有力依据。然而持此说者却完全忽视了这样一个明显的事实——无论是文字记载还是考古证据，都表明农业的历史比天文学的历史要久远得多。也就是说，早在还没有天文学的时代，农业已在发生、发展着；而天文学产生之后，也并未使得农业因此而有什么突飞猛进。

事实上，即使根据现代的知识来看，农业对天文学的需求也是极其微小的。农业上对于节令的掌握无需非常精确，出入一两天并无妨碍；而中国古代三千年历法（这被公认是中国古代天学中最 scientific 的部分）沿革史中，无数的观测、计算、公式和技巧，争精度于几分几秒之间，当然不可能是为了指导农民种地。[1]

在古代，农民和一般的老百姓**不需要**懂得天文学——这在科学广为普及的今天也仍然如此。耕种需要依照季节，掌握节令，而这只要

[1]　关于此事的详细论证，请见江晓原：《天学真原》，辽宁教育出版社，1991、1995 年版，第 39、140—145 页。

通过物候观察即可相当精确地做到。古人通过对动物、植物和气候的长期观察，很早就已经能够大致确定节令；我们现今所见的二十四节气名称中，有二十个与季节、气候及物候有关，正强烈暗示了这一点。当然，到后来有了历谱、历书，上面载明了节气，一查可知，自然更加省事。尽管从天文学的角度来说，节气是根据太阳周年视运动——归根结底是地球绕太阳作周年运动——来决定的，于是物候、节气之类似乎就顺理成章地与天文学发生关系了；然而关系固然是有，两者却根本不能等同。无论如何，太阳周年视运动是一个相当复杂、抽象的概念，即使到了今天，也还只有少数与天文学有关的学者能够完全弄明白。我们显然不能因为古代农夫知道根据物候播种就断言他懂得天文学，这与不能因为现代市民查看日历能说出节气就断言他懂得天文学是一样的。

在古代，农民和一般的老百姓**不能够**懂得天文学——这在科学广为普及的今天也仍然如此。在此事上，顾炎武《日知录》中有一段经常被引用的名言，误导今人不浅：

> 三代以上，人人皆知天文。"七月流火"，农夫之辞也；"三星在户"，妇人之语也；"月离于毕"，戍卒之作也；"龙尾伏辰"，儿童之谣也。

顾炎武引用的前三句依次出于《诗经》的《豳风·七月》、《唐风·绸缪》、《小雅·渐渐之石》，第四句见《国语·晋语》。这三首诗确实分别是以农夫、妻子、戍卒的口吻写的，但这显然不等于三诗的作者就一定是农夫、妻子和戍卒。以第一人称创作文学作品，在古今中外都很常见，其中"我"的身份和职业并不一定就是作者自己的实际情况。

更重要的是，即使退一步，承认三诗的作者就是农夫、妻子和戍卒（这样做要冒着被古典文学专家嘲笑的危险），我们也决不能推出"那时天文学知识已经普及到农夫、妇女和戍卒群体中"这样的结论。诗歌者，性情之所流露、想象力之所驰骋也；咏及天象，并不等于作者就懂得这些天象运行的规律，更不等于作者就懂得天文学——那是一门非常抽象、精密的学问,岂是农夫、妇女和戍卒轻易所能掌握?如果仿此推论,难道诗人咏及风云他就懂得气象学、咏及河流他就懂得水利学、咏及铜镜她就懂得冶金学和光学?……这些道理,其实只要从常识出发就不难想明白,舍近求远、穿凿附会只会使我们误入歧途,而无助于我们弄清历史。

4

但是话又要说回来,顾炎武之说误导今人,顾炎武本人却毫无责任。责任全在今人自己,在今人用现代概念去误读古人。顾炎武"三代以上,人人皆知天文"一语中的"天文"一词,是古代中国人的习惯用法,却与现代中国人习惯的理解大相径庭。

"天文"一词,在中国古籍中较早出现处为《易·彖·贲》:

> 观乎天文,以察时变;观乎人文,以化成天下。

又《易·系辞上》有云:

> 仰以观于天文,俯以察于地理。

"天文"与"地理"对举;"天文"指各种天体交错运行而在天空所呈现之景象,这种景象可称为"文"(如《说文》九上:"文,错画也"),"地理"之"理",意亦类似(至今仍有"纹理"一词,保存了此一用法)。是故可知古人"天文"一词,实为"**天象**"之谓,非今人习用之"天文学"之谓也。顾炎武的名言,只是说古时人人知道一些天象(的名称)而已。

为了更进一步理解古人"天文"一词的用法,可以再举稍后史籍中的典型用例以佐证之。如《汉书·王莽传》下云:

> 十一月，有星孛于张，东南行，五日不见。莽数召问，太史
> 令宗宣、诸术数家皆谬对，言天文安善，群贼且灭。莽差以自安。

张宿出现彗星，按照中国古代星占学理论是凶危不祥的天象（详后
文），但太史令和术数家们不向王莽如实报告，而是诡称天象"安善"
以安其心。又如《晋书·天文志》下因《蜀记》云：

> （魏）明帝问黄权曰：天下鼎立，何地为正？对曰：当验天文，
> 往者荧惑守心而文帝崩，吴、蜀无事，此其征也。

荧惑守心也是极为不祥的天象，结果魏文帝死去，这说明魏国"上应
天象"，因而是正统所在；吴、蜀之君安然无事，则被认为是他们并非
正统的证明。

"天文"既用以指天象，遂引申出第二义，用以指称中国古代**仰观
天象以占知人事吉凶之学问**。《易·系辞上》屡言"在天成象，在地成
形，变化见矣"、"仰以观于天文，俯以察于地理，是故知幽明之故"，
皆已蕴涵此意。而其中另一段论述，以往的科学史论著照例皆不注意，
阐述此义尤为明确：

> 是故天生神物，圣人则之；天地变化，圣人效之。天垂象，
> 见吉凶，圣人象之；河出《图》，洛出《书》，圣人则之。

《河图》《洛书》是天生神物，"天垂象，见吉凶"是天地变化，圣
人——即统治者——则之效之，乃能明乎治世之理。勉强说得浅近一
些，也可以理解为：从自然界的变化规律中模拟出处理人事、统治社
会的法则。这些在现代人听起来玄虚杳渺、难以置信的话头，却是古
人坚信不疑的政治观念。关于"天文"，还可以再引班固的论述以进一
步说明之，《汉书·艺文志》数术略"天文二十一家"后班固的跋语云：

> 天文者，序二十八宿，步日月五星，以纪吉凶之象，圣王所以参政也。

班固在《汉书·艺文志》中所论各门学术之性质，在古代中国文化传统中有着极大的代表性。他所论"天文"之性质，正代表了此后两千年间的传统看法。

至此已经不难明白，中国古代"天文"一词之第二义，实际上相当于现代所用的**"星占学"**（astrology）一词，而绝非现代意义上的"天文学"（astronomy）之谓也。

细心的读者或许已经注意到了，本书这一章的标题中用的是**"天学"**而不是"天文学"——自从五年前撰写《天学真原》一书开始，我在书籍和论文中谈到中国古代这方面情形时，就大量使用"天学"一词。这当然不是因为喜欢标新立异，而是为了避免概念的混淆。此后这一措辞也逐渐被一些同行学者所使用。

5

今天人们习用的"天文学"一词，是一个现代科学的概念，用来指称一个现代的学科。至于古代中国有没有这样的学科，这需要深入研究之后方能下结论，并不是"想当然耳"就能得出正确答案的。就像现代化学的根源可以追溯到古代的炼丹术，但并不能因此就说古代已经有了现代意义上的化学。

古代中国有没有现代意义上的天文学，现代的国内学者似乎并无正面论述——因为大家通常都认为"当然是有的"，何需再论呢？不少外国人倒是正面论述过这个问题，不过那些话听起来大都非常不悦耳。例如 16 世纪末年来华的耶稣会传教士利玛窦（Mathew Ricci）说：

> 他们把注意力全部集中于我们的科学家称之为占星学的那

种天文学方面；他们相信我们地球上所发生的一切事情都取决于星象。[1]

又如法国学者达朗贝尔（M.Delambre）说：

中国历史虽长，但天文学简直没有在中国发生过。[2]

再如塞迪洛（A.Sedillot）的说法更为刺耳：

他们是迷信或占星术实践的奴隶，一直没有从其中解放出来；……中国人并不用对自然现象兴致勃勃的好奇心去考察那星辰密布的天穹，以便彻底了解它的规律和原因，而是把他们那令人敬佩的特殊毅力全部用在对天文学毫无价值的胡言乱语方面，这是一种野蛮习俗的悲惨后果。[3]

这种带有浓厚文化优越感的、盛气凌人的评论，当然会引起中国学者的反感；再说也确实并非持平之论。星占学固然有迷信的成分，但它同时却又是一种在古代社会中起过积极作用的知识体系。星占学是古代极少几种精密科学之一。[4] 更何况星占学虽然不能等同于天文学，但它却绝对离不开**天文学知识**——这只要注意到如下事实就足以证明：星占学需要在给定的任意时刻计算出太阳、月亮和五大行星在天空的准确位置。[5] 如果考虑到星占学必须利用天文学知识，并且曾经极大地促进了天文学知识的积累和发展，把这门学问称为另外一种意义上的天文学，确实也情有可原。

---

[1]　利玛窦：《利玛窦中国札记》，何高济等译，中华书局，1983 年版，第 22 页。

[2]　转引自郑文光：《中国天文学源流》，科学出版社，1979 年版，第 6—7 页。

[3]　同引注 [2]。

[4]　参见江晓原：《历史上的星占学》，上海科技教育出版社，1995 年版，第 271—274 页。

[5]　关于这一点的详细论证请见：江晓原《天学真原》，第 151—167 页。

这就是我们为什么采用"中国古代天学"这种提法的原因所在了：既能避免概念的混淆，又能提示中国古代星占学与天文学之间的联系。

6

古代中国天学与农业的关系既微乎其微，那么它有没有可能像现代天文学那样，不求功利而是以探索自然为己任？遗憾之至——答案也只能是否定的。要弄明白这一点，实在大非易事。前面说过，生活在现代社会中的人们很容易犯"以今人之心，度古人之腹"的错误：因为现代天文学毫无疑问是以探索自然为己任的，就"想当然耳"认为古代也必如此；况且在现今的思维习惯中，"科学"总比"迷信"好，往往在感情上就先不知不觉倾向于为祖先"升华"——尽量往"科学"方面靠拢。

在大部分古代文明中，比如埃及、巴比伦、印度、玛雅等，天文学知识都是在星占学活动中产生和发展的；而星占学是为政治生活、社会生活和精神生活服务的，虽然通常并不被用来谋求"经济效益"，但其宗旨显然与现代科学之探索自然相去万里之遥。

唯一的例外似乎出现在古希腊。学者们相信，在发端于古代巴比伦的星占学传入希腊之前，一种以探索自然为宗旨的、独立的天文学已经在希腊产生，并且相当发达了。而星占学是一个名叫贝罗索斯（Berossus）的人于公元前280年左右传进希腊的。[1] 这一例外是意味深长的，因为今天通行全世界的现代天文学体系，乃至整个现代科学体系，可以毫不夸张地说，其精神的源头正是古希腊！关于这一点，重温一下恩格斯按《自然辩证法》中的"圣人之言"是有益的：

如果理论自然科学想要追溯自己今天的一般原理发生和发展

---

[1]　参见江晓原：《历史上的星占学》，第59—60页。

的历史，它也不得不回到希腊人那里去。

赞成这一点和不赞成这一点的人，他们心目中所呈现的科学史景象将是大不相同的。

古代中国天学有没有希望成为第二个例外？到目前为止还看不出这样的希望。《周髀算经》中的希腊式的公理化尝试和几何宇宙模型方法只是昙花一现，此后再无继响。[1] 除了这一奇特的例外，古代中国天学是高度致用的——许多别的知识也是如此，但是天学特别与众不同，它在古代中国社会中负担着极为神圣的使命。

7

至此我们已经渐入正题：天学在古代中国社会中的神圣使命究竟是什么呢？或者说，在古代中国有哪些人需要天学呢？

其实在前面几小节中，已经可以看出一些端倪。先看需要仰观天文、俯察地理的是谁？《易·系辞下》说得很清楚，是：

> 古者包牺（伏羲）氏之王天下也，仰则观象于天，俯则观法于地，……

在《易·系辞下》所描绘的儒家关于远古文明发展史的简单化、理想化的图景中，伏羲位于文明创始者的帝王系列之首。这系列是：

> 伏羲→神农→黄帝→帝尧→帝舜。

---

[1] 参见江晓原："《周髀算经》——中国古代唯一的公理化尝试"，《自然辩证法通讯》，18
卷 3 期（1996）。

这些帝王被视为文明社会中许多事物和观念的创造者。再看需要从"天垂象"中"见吉凶"的又是谁？《易·系辞上》说得也很清楚，是"圣人"，即统治者。司马迁在《史记·天官书》中，对于天人感应和"圣人"之需要天学，说得更为明白：

> 太史公曰：自初生民以来，世主曷尝不历日月星辰？及至五家三代，绍而明之，内冠带，外夷狄；分中国为十有二州，仰则观象于天，俯则法类于地。天则有日月，地则有阴阳。天有五星，地有五行。天则有列宿，地则有州域。三光者，阴阳之精，气本在地，而圣人统理之。

在中国古代文明的早期，天学在政治上的作用极其巨大——大到成为上古帝王之头等大事，甚至是唯一要事的地步。这一点可以在中国早期史籍记载中得到证实。

《尚书》是儒家的基本经典之一，用现代的眼光看，可以视之为上古政治文献（或其转述、改编本）的汇编。《尧典》是其中的开首第一篇。这篇文献的"创作缘起"，据《书序》说是：

> 昔在帝尧，聪明文思，光宅天下。将逊于位，让于虞舜，作《尧典》。[1]

《尧典》正文记录了帝尧时期的为政之要，以及帝尧指示安排关于考察、培养接班人舜的一些事务。全文仅四百余字，其中一半篇幅记述帝尧的政绩，全文如下：

> 帝尧曰放勋。钦明文思安安，允恭克让，光被四表，格于上

---

[1] 《书序》为何人所作，历来众说纷纭，有孔子作、周秦间人作、史氏旧文、汉儒作等说，参见蒋善国：《尚书综述》，上海古籍出版社，1988 年版，第 63—65 页。在此处的讨论中何人所作显然并不重要。

下。克明俊德，以亲九族；九族既睦，平章百姓；百姓昭明，协和万邦。黎民于变时雍。

乃命羲和，钦若昊天，历象日月星辰，敬授人时。分命羲仲，宅嵎夷，曰旸谷，寅宾出日，平秩东作。日中星鸟，以殷仲春。厥民析，鸟兽孳尾。申命羲叔，宅南交，平秩南讹。敬致。日永星火，以正仲夏。厥民因，鸟兽希革。分命和仲，宅西，曰昧谷，寅饯纳日，平秩西成。宵中星虚，以殷仲秋。厥民夷，鸟兽毛。申命和叔，宅朔方，曰幽都，平在朔易。日短星昴，以正仲冬。厥民隩，鸟兽氄毛。帝曰：咨汝羲暨和，期三百有六旬有六日，以闰月定四时成岁。允釐百工，庶绩咸熙。

这一段上古文献很值得玩味。前面一小节是对帝尧功德的抽象赞颂，从亲睦九族，平章百姓，到协和万邦，也就是后来的修身齐家治国平天下之意。第二节才是对帝尧政绩的具体记载，而这位几千年来被奉为楷模的、完全理想化了的圣贤帝王的具体政绩，却只有一件事——任命了四位天文官员去四方观测天象并确定历法。

既然《尧典》是为帝尧将禅位于舜而作，那么当此最高统治者行将交接班之际，国家大事千头万绪，内政、外交、军事、经济，种种重要方面都绝口不提，只谈如何安排天学事务，这在现代人看来实在是难以理解的。

也许有人会提出疑问：《尧典》是不是残缺了？这看来也不是一个值得重视的猜测。两千年来的经学家们从未认真提出过类似疑问；而且在《史记·五帝本纪》中，关于帝尧的功绩，也只有安排天学事务和禅位于舜这两则。也就是说，历史上帝尧纵使有百千政绩，被后人世代传颂的却只有天学和禅位。天学事务在古代政治上之重要程度，由此不难想见。

如果担心帝尧之事尚属孤证，不足凭信，那么不妨看看帝舜即位前后的作为，《史记·五帝本纪》记帝舜之摄政云：

> 于是帝尧老，命舜摄行天子之政，以观天命。舜乃在璇玑玉
> 衡，以齐七政。……

此处"在璇玑玉衡，以齐七政"是两千年来经学史和天学史上的老公案，我们先不必陷入，只需明白是天学事务即可（这一点没有争议）。关于帝舜政绩的记载倒是不止一端，然而第一件事还是天学事务。足见上古之时，天学对于帝王来说实在是头等大事。

8

上古帝王们需要天学，当然不是因为"热爱科学"，也不是为了帮助农民种地。那么这天学究竟要来何用？这是一个非常重要的、然而却长期被天文学史专家和历史学家所忽略的问题。这也正是我在《天学真原》中力图解决的主要问题之一。详细的论证这里不想再重复，仅略述其大要如下——尽管有些论断乍听起来可能不容易马上接受：

在上古时代的中国（以及其他一些古代文明中），一个王权的确立，除了需要足够的军事、经济力量之外，一个极其重要、必不可少的条件是拥有通天——即在天（神）与人之间进行沟通的手段。古人没有现代的"唯物主义"观念，他们坚决相信人与有意志、有感情的天之间是可以而且必须进行沟通的。而"通天者王"的观念是中国上古时代最重要的政治观念。汉代董仲舒在《春秋繁露·王道通三》中说：

> 古之造文者，三画而连其中，谓之王。三画者，天、地与人也；而连其中者，通其道也。取天、地与人之中以为贯而参通之，非王者孰能当是？

班固所说"圣王"要用天学来"参政"，也是此意。对于这一点，杨向奎、张光直等学者已经有所揭示。例如张光直通过对夏、商、周三代

考古发现和青铜礼器及其纹饰的研究，指出这些礼器皆为"通天"之物，帝王必须拥有通天手段，其王权才能获得普遍承认。

然而，在古代所有的各种通天手段之中，最重要、最直接的一种正是天学——即包括灵台、仪象、占星、望气、颁历等等在内的一整套天学事务。拥有了自己的天学事务（灵台、仪象和为自己服务的天学家），方才能够昭示四方，自己已经能与上天沟通；而能与上天沟通的人方才能够宣称"天命"已经归于自己，因而已有为王的资格。帝尧、帝舜为何要将安排乃至亲自从事天学事务作为头等大事，原因正在于此。

正因为天学与王权在上古时代有如此密不可分的关系，所以天学在中国古代有着极为特殊的地位——**必须由王家垄断**。道理很简单：在同一个区域内，王权当然是排他的，即所谓"一国不容二主"。因此在争夺王权的过程中，将不惜犯禁以建立自己的通天事务。《诗经·大雅·灵台》所记姬昌赶建灵台事，就是后世诸侯欲谋求帝位时私自染指天学事务的范例。而当在王权争夺战中的胜利者已获得王权之后，必然回过头来严禁别人涉足天学事务，历代王朝往往在开国之初严申对于民间"私习天文"的厉禁——连收藏天学图书或有关的仪器都可能被判徒刑乃至死罪，并且鼓励告密，"募告者赏钱十万"。**简而言之，在古代中国，天学对于谋求王权者为急务，对于已获王权者为禁脔。**

上面所说的这种情况在早期更甚，而直到明朝建立时仍没有本质的改变。随着文明的发展，确立王权时对于物质层面的诉求增大，天学渐渐从确立王权时的先决条件之一演变为王权的象征，再演变为王权的装饰，其重要性呈逐渐下降的趋势。然而中国人是重传统的，既然祖先曾赋予天学以重要而神圣的地位，那就数千年守之而不失。尽管从明末开始，对于民间"私习天文"的厉禁已经放松直至消失，但是王家天学的神圣地位一直维持到清朝灭亡。[1]

---

[1]　关于这一小结中各个论断的详细依据和分析，请参见《天学真原》第三章"天学与王权"。

第三章 古代中国什么人从事天学？

官营天学之传统 / 巫觋是中国历史上最早的天学家 / 皇家天学家之专职与兼职 / 李淳风论历代"传天数者" / 子产、箕子、蔡邕、刘表和诸葛亮 / 郭璞和开普勒——星占学家信不信自己的预言？ / 因天学而招祸的天学家——吴范、庾季才和刘基

1

在古代世界各文明中，有没有民间的、私人的天文学传统，也许是一个事关重大的问题——这种传统很可能和现代天文学的兴起有着内在的联系。在古希腊，以及古希腊精神财富的继承者欧洲，确实有着私人天文学的传统（尽管这种传统有时候若隐若现，不太明显）。只要看看古希腊的天文学家，如爱奥尼亚的塔利斯（Thales）、撒摩斯的阿利斯塔克（Aristarchus）、尼杜的欧多克斯（Eudoxus）以及后来大名鼎鼎的希巴恰斯（Hipparchus）和托勒密（Ptolemy）等，都不是官方的天文学家。相传欧多克斯就有自己的私人天文台。

而在古代东方各文明中，要发现这样的传统就不太容易。在封建专制政权中，天学事务总是由皇家直接拥有和经营。古代中国的情形是这方面最典型的例子。官营天学的传统在中国持续了至少三千年之久。如果我们相信——现在看来没有什么理由不相信——《尚书·尧典》所述帝尧分命天文官员去四方之事，那就显然可以将这一传统追溯到更早。至于像古希腊那样私人性质的天学活动，我们在上面一章中已经看到，在中国直到明代中叶，一直是非法的（仅在南北朝时期出现过一个可能的例外，我们将在下一章专门谈到）。

2

天学既然是皇家禁脔，那就不难想象，在古代中国，从事天学事务者自非等闲之人。事实大体上也正是如此。不过此事也有一个漫长的演变过程——上古之时，从事天学者非常神圣（例如，我们已经看到帝舜曾亲自去"在璇玑玉衡，以齐七政"），而数千年后，到了明清时代，钦天监里的那些天学官员，就只是一些平庸而琐屑的小人物了。这与天学在古代中国最先是王权确立的必要条件，后来演变为王权的象征，再演变至末期而仅成王权的装饰，正好完全对应。重要的事由精英人物来做，不重要的事只需由平庸人物去干，古今中外大多如此。

最先从事天学的是何等样人？当然不是我们今天意义上的"科学家"，恰恰相反，他们竟是现代人通常概念中与科学家相对立的人物——巫觋（女巫曰巫，男巫曰觋）！

巫觋的职责，就是**沟通天地人神**。这在今天，自然被认为是迷信、是骗人的无稽之谈。但是在上古社会中，他们却因此而被认为是非常神圣的人物——甚至可以说是处在介于人神之间的半人半神状态。而巫觋与王权有着极其密切的关系。张光直等人的研究早就表明：在上古时代，帝王本人往往就是巫师，而且是群巫之首。张光直说：

> （夏商周三代王朝的创立者们）的所有行为都带有巫术和超自然的色彩。如夏禹便有阻挡洪水的神力，所谓"禹步"，成了后代巫师特有的步态。又如商汤能祭天求雨；……据卜辞所记，唯一握有预言权的便是商王。此外，卜辞中还有商王舞蹈求雨和占梦的内容。所有这些，既是商王的活动，也是巫师的活动。它表明：商王即是巫师。[1]

我们前面已经谈到过古代中国"通天者王"的政治观念，巫能通天，

---

[1] 张光直：《美术·神话与祭祀》，辽宁教育出版社，1988 年版，第 33 页。

进而为王，自是顺理成章的意料中事。帝尧之任命天文官员，帝舜之"在璇玑玉衡，以齐七政"，其行事与商王作为群巫之首而祭天求雨等，正是同一性质。后世帝王仍要领头进行祭天等多种沟通天地人神的仪式，从中也不难看出上古时代作为群巫之首的流风遗韵。

然而帝王毕竟还有一大堆人间政务要处理，巫觋们的司职，不可能长期去全力从事。因此自然就需要专职进行通天事务的巫觋为之服务。有了为自己服务的通天巫觋，也就是有了自己的通天能力，王权于是得以确立。可知上古之时，通天巫觋的地位是何等神圣而神秘。

对于这些神秘的通天巫觋，我们今天所能得到的最重要的早期历史线索，必须归功于司马迁。在《史记·天官书》中，司马迁给出了一份称之为"昔之传天数之者"的名单：

高辛之前：重、黎。

唐、虞：羲、和。

有夏：昆吾。

殷商：巫咸。

周室：史佚、苌弘。

宋：子韦。

郑：裨灶。

齐：甘公。

楚：唐眜。

赵：尹皋。

魏：石申。

对于这份名单，我在《天学真原》中已作过较为详细的研究，[1] 考证的细节这里不再重复，仅概述其结果及意义如下：

司马迁所提供的上述名单，以巫咸为界，可以分为前后两部分。前半部分，重、黎、羲、和、昆吾，皆为上古时代专司交通天地人神之巫觋，其人其事，多在传说之间。后半部分，自史佚以下，则皆为

---

[1]　江晓原：《天学真原》，第 69—98 页。

春秋战国时代著名的星占学家，其行事在史籍中皆有记载，确切可考。至于巫咸，原是殷帝太戊时的著名巫者，后来被视为上古巫觋之化身，巫咸也就成为巫觋的共名。

司马迁"昔之传天数之者"名单最重要的意义，在于显示了古代中国天文–星占之学与上古通天巫觋之间的历史渊源。这种渊源、或者说古代中国从事天学之人的身份的演变，可以表示如下：

通天巫觋 → 星占学家 → 天学家

必须注意的是，这三者在本质上其实是相同的，区别仅仅在于随着时间的推移而呈现出来的表面色彩。

司马迁所开的"传天数者"名单，后人亦有步武者，比如《晋书·天文志上》有如下的名单：

高阳：重、黎。

唐、虞：羲、和。

有夏：昆吾。

殷商：巫咸。

周室：史佚。

鲁：梓慎。

晋：卜偃。

郑：裨灶。

宋：子韦。

齐：甘德。

楚：唐昧。

赵：尹皋。

魏：石申夫。

与太史公所述大同小异。增加的鲁之梓慎、晋之卜偃，皆为《左传》、《国语》等古籍中有行事记载之真实人物。

3

"传天数者"固然是自巫觋沿革而来，后来历朝太史局、太史院、钦天监中的官员又都是专职，但有时**皇家首席天学家反而身兼他职**。这一现象渊源久远，在司马迁提供的"昔之传天数者"名单中，史佚、苌弘就是这种情形。史佚是"周文、武时太史尹佚也。"[1] 古时太史地位尊崇，殆类帝师，天学事务当然是他的重要职责之一，但他也还有许多旁的职责，非后世太史令之专一职责可比。[2] 苌弘则是"周大夫"[3]，但他却是"周室之执数者也"。[4] 汉代以下，这一现象更为明显，比如北魏的崔浩，在朝中被公认为天学第一人，遇有重大天象出现，只有崔浩为众望所归，能出来发言，[5] 但其时太史令却另有其人。又如明末的徐光启，他无疑是当时朝廷天学事务中最重要、也最活跃的人物，但他却不是钦天监的负责人。类似的例子还可以举出一些。这一现象虽不普遍，却应该看作是上古的流风遗韵——通天之学作为"王者之师"必须掌握的最重要的技艺之一，不仅有其程式化的外表（比如皇家天学机构及其负责人），更有其实质内容，担任通天重任的人选，是可以不拘一格的。关于这一方面，可以从李淳风所提供的另一份古代天学家名单中认识更多的内容。

4

在中国古代最重要的两种传世星占学著作之一，唐代李淳风的《乙巳占》自序中，李淳风将历代著名的"传天数者"分成十一类，依次如下：

---

[1] 《国语》韦昭注。

[2] 本书第四章还将进一步谈到此事。

[3] 裴氏《史记集解》引郑玄曰："苌弘，周大夫"。

[4] 《淮南子·泛论训》。

[5] 江晓原：《天学真原》，第61—62页。

开基阐业，以济民俗，因河洛而表法，择贤达以授官：

　　轩辕、唐、虞、重、黎、羲、和。

畴人习业，世传常数，不失其所守，妙赜可称：

　　巫咸、石氏、甘公、唐昧、梓慎、裨灶。

博物达理，通于彝训，综核根源，明其大体：

　　箕子、子产。

抽秘思，述轨模、探幽冥，改弦调：

　　张衡、王兴元。

沉思通幽，曲穷情状，缘枝反干，寻源达流：

　　谯周、管辂、吴范、崔浩。

托神设教，因变敦奖，亡身达节，尽理辅谏：

　　谷永、刘向、京房、郎（颛）之。

短书小记，偏执一途，多说游言，获其半体：

　　王朔、东方朔、焦贡、唐都、陈卓、刘表、郗萌。

委巷常情，人间小惠，意唯财谷，志在米盐：

　　韩杨、钱乐。

参同异，会殊途，触类而长，拾遗补阙：

　　蔡邕、祖暅、孙僧化、庾季才。

窃人之才，掩蔽胜己，谄谀先意，谗害忠良：

　　袁充。

妙赜幽微，反招嫌忌，忠告善道，致被伤残：

　　郭璞。

其中第一类将黄帝、尧、舜与重、黎、羲、和等并列，似乎不伦，其实正可以理解为上古之时王为群巫之首的遗迹。自巫咸至裨灶，皆为《史记·天官书》名单中人物，此处不必再论。但是后面各类中一个颇为引人注目之点，就是出现了不少在人们通常观念中根本不以天学名世的人物，这显然会使许多现代读者感到奇怪。

5

天文星占之学是古代的大学问，军国大事必须依靠它来指导——古人确实是真心诚意相信这一点的。虽然历代多有严禁民间私习的法令，但是作为"与国同休戚"的高官重臣，重任在身，不能不对天学有所掌握；而那些关于私习的禁令，对他们自然也不会"一视同仁"。[1]因此，一些在现代人心目中是政治家、文学家等的历史人物，确实曾经是当时的天学大家，甚至担任过太史令之类的官职。我们不妨结合李淳风的名单，来看一些个案。

在李淳风《乙巳占》给出的名单中，有好几人是一向不以天学名世，也不担任天学官职的，例如：

子产。子产之被列入这一名单，似乎比较勉强。子产作为春秋时代的大政治家和大外交家，郑国多年的执政大臣，推测他可能略通天文星占之学，虽然也不算太离谱，但是史籍中所载子产与天学发生关系之事，却是他对星占预言的拒绝。事见《左传》昭公十七、十八年：郑国星占家裨灶根据一次彗星的出现，预言宋、卫、陈、郑四国都将遭受火灾，建议用玉器祭神以免祸，但被子产拒绝；既而火灾真的发生，裨灶又预言还将再次发生火灾，再次提出要用玉器祭神，子产还是坚持拒绝，这一次连子产执政最积极、最有力的支持者子大叔都批评子产，但子产仍不为所动，并说出一番名言：

> **天道远，人道迩，非所及也。灶焉知天道？是亦多言矣，岂不或信？**

---

[1] 下面这个故事就透露出此中消息：明代王鏊《震泽长语》卷上"占岁"中云：

仁庙一日语杨士奇等：见夜来星象否？士奇等对不知。上曰：通天地人之谓儒，卿等何以不知天象？对曰：国朝私习天文律有禁，故臣等不敢习。上曰：此自为民间设耳。卿等国家大臣，与国同休戚，安得有禁？乃以《天官玉历祥异赋》赐群臣。

虽然中国古代有私习天文之厉禁，直到明代中后期才开始逐渐放松，但明仁宗的上述说法，前代帝王大体也是能够同意的。

直斥裨灶"不知天道"，只是多说几次预言，偶尔说中而已。这在古代是对一位星占学家最严厉的攻击（裨灶很可能因此要痛恨子产一辈子）。而"天道远，人道迩"的名言，在笃信天文星占之学的古代中国社会传统中，也是非常少见的。但是李淳风却对两造都给好评：裨灶是"不失其所守，妙赜可称"；子产不迷信星占预言，也得到"明其大体"的考语。

箕子。因他曾向周武王说过"天乃锡禹鸿范九等，常伦所序。……四曰五纪：……一曰岁，二曰月，三曰日，四曰星辰，五曰历数"之类的话（《史记·宋微子世家》），也被李淳风列入"明其大体"之例。

蔡邕。他是东汉时期的著名学者，光和元年（公元178年），曾与包括太史令在内的一些高级官员一起被皇帝召见，"就问灾异及消改变故所宜施行"——看来他精通天文星占之学的名声早已传播朝野，他还作过《汉记》，分为"十意"，其第一和第五分别是《律历意》和《天文意》。[1]《隋书·律历志》说东汉朝廷曾"命刘洪、蔡邕共修律历，司马彪用之以续班史。"后来蔡邕获罪戍边，犹从朔方上书，追述前事，意欲自荐。其书载于《后汉书·律历志》注中。《旧唐书·历志》说刘洪、蔡邕、何承天、祖冲之等人"皆数术之精粹者，至于宣考历书之际，犹为横议所排。"《隋书·天文志》又说"桓谭、郑玄、蔡邕、陆绩，各陈《周髀》，考验天状，多有违失。"从这些石料来看，他是东汉后期非常活跃的天学家。

刘表。这位东汉末年荆州地区不成气候的割据者，却有一部归入他名下的星占学著作《荆州占》，在后世流传了几百年。至少到唐代，《荆州占》还是李淳风撰《乙巳占》、瞿昙悉达撰《开元占经》时的重要参考书之一。李淳风在《乙巳占》中开列他自述是"幼小所习诵"的星占学参考书共二十五种，其第十八种即"刘表《荆州占》"。此书多半是刘表召集星占学家编撰的，不过由他"领衔"而已，殆如当今的许多"主编"一样。刘表当时的地位在君臣之间。他对星占学想必

---

[1]　参见《后汉书·蔡邕传》。

是极感兴趣的。

关于此类情形，还可以再举一个比较有趣的例子，《晋书·天文志》——也是出于李淳风之手——卷上"州郡躔次"章中介绍分野方案时，先说明是八家共同使用的方案，而八家竟是：

陈卓、范蠡、鬼谷先生、张良、诸葛亮、谯周、京房、张衡。

如果我们去看现代的中国天文学史著作，当然会在里面看到陈卓和张衡，这两人都曾担任太史令——陈卓曾担任过东吴、西晋和东晋三朝的太史令，又汇总了古代最重要的三派星占学的星图；张衡留下了《灵宪》等天学著作，又造过演示天象和预报地震的仪器。京房就只好到脚注里去碰运气了，至于其余五人，那是根本不可能被提到的。然而根据李淳风的引用，我们可以知道他们也曾有天学著作传世——当然范蠡、鬼谷子和张良等很有托名的可能。

6

作为皇家天学家，天机在握，俨如帝师，往往享有很高的政治地位，应该是很能够满足"士"的表现欲和权力欲了。然而当皇家天学家常常并不快活——不仅不快活，而且还非常危险，稍一不慎就会有性命之忧！这里先看几个事例，对于这些事例背后的机制，我们回忆前面的章节就会很容易得到理解。

郭璞。说到郭璞，一般的文史学者首先想到的往往是他的《江赋》、《游仙诗》之类。李淳风则将他列为"妙赜幽微，反招嫌忌，忠告善道，致被伤残"的代表。前面已经说过，中国古代的天学不是为了探索自然，而是为了沟通天地人神，归根到底则是为了仰窥天意，预知未来，好为皇家决策提供参考和依据。因此天学家的知识决不能仅限于天文星占之学，他还要精通许多有关的方术。郭璞正是这样的人物。《晋书》本传说他"洞五行、天文、卜筮之术，攘灾转祸，通致无方，虽京房、管辂不能过也"。他的传记中充满着他预知未来、洞晓方术的神奇故事。比如他早就通过卜筮预见到永嘉之乱："投策而叹曰：嗟乎！黔黎将湮于异类，桑梓其剪为龙荒乎？于是潜结姻昵及交游数十家，欲避地东南。"

精通天学，参与机要，自然是荣宠，但是一旦卷入政治漩涡，危险也就很大。晋南渡后，郭璞受到王导的器重，在朝中屡次展示预知未来的能力，致使"帝甚重之"、"帝甚异之"。然而正是因为这样的名声，到王敦作乱时，他的祸患就临头了。准备讨伐王敦的温峤、庾亮请他卜筮，他告诉他们"大吉"，使他们坚定了行动的信心。而王敦起兵时，令郭璞卜筮成败，郭璞却告诉他"无成"，还劝他回到武昌（意即不要在建康问鼎），才能长寿。于是王敦大怒，下令将郭璞处死。所以李淳风说他是"忠告善道，致被伤残"。

这里不妨插入一段一千多年后西方天文学家的故事，作为与郭璞之事的有趣对比。公元 1610 年，德意志处在内战之中。当时的神圣罗马帝国皇帝，是被后来的历史学家斥之为"神经不正常"的鲁道夫二世（Rudolph II），天文学家开普勒（Kepler）——他同时也是当时著名的星占学家——是鲁道夫二世御前的"皇家数学家"。皇帝为了巩固自己日益缩小的权力，召来了雇佣军；而反对派则召来了匈牙利国王——尽管从理论上说他是皇帝的臣子。交战双方都要开普勒为他们作星占学预卜。这时候眼看鲁道夫二世末日将要来临，但是开普勒依然恪守臣节，忠于皇帝。因此他故意为国王方面作了不利的预言，想借此削弱他们的信心；同时他警告皇帝的拥护者们，在作出重大决策时切不可相信星占学，他坦率地告诉他们，星占学"不仅应该从议会中清除出去，而且也应该从那些现在想给皇帝进言的人的头脑中清除出去，应该把它从皇帝的视野里完全清除出去！"然而开普勒的这番努力终于无济于事，敌军还是攻入布拉格，皇帝被迫退位。

在上面两个故事中，星占学家都有自己的政治立场，也都试图利用自己的星占学预言去影响事态的发展，郭璞和开普勒的做法可谓异曲同工。这里牵涉到一个更为重大的问题是，**星占家对于自己的星占预言是否真的相信?** 从开普勒的故事来看，他多半是不相信的。至于郭璞，他的心迹与开普勒相同的可能性也很大——"圣人以神道设教"是中国古代政治运作中的大奥秘之一，政治家和卷入政治的方术之士都必须明白这一点，否则就是不入流了。

吴范。与郭璞丢了性命的结局相比，吴范的遭遇要好一些。吴范字文则，会稽上虞（今属浙江）人，"以治历数、知风气（指风角、望气之术）闻于郡中"。孙权崛起之后，吴范"委身服事，每有灾祥，辄推数言状，其术多效，遂以显名"，成为孙权御前的首席天学家，以骑都尉领太史令。据说他对刘表之死及荆州的败亡、刘备之占领益州、关羽之败走麦城等等一系列那个时期的重大事件，都曾向孙权作出过非常准确的预言（《三国志·吴书》本传）。

然而吴范与孙权之间的关系并不愉快。

当年孙权尚未称王时，吴范曾向他进言说"江南有王气，亥子之间有大福庆"——这类进言是天学家向有意问鼎的政治人物劝进邀宠的典型话头，也是他为自己所服务的政治军事集团制造舆论、进行政治宣传的常用方式。孙权当时对吴范说："若终如言，以君为侯。"到了公元219至220年之际孙权受封为吴王，[1]大宴群臣时，吴范提醒孙权昔日封侯的诺言，孙权却试图只用一条绶带来应付他。接着论功封赏，下面报上来的封侯名单中本来有吴范，颁布之前却被孙权特意划掉。孙权为何如此? 原来根子早已种下——孙权自己也对星占学极感兴趣，多次向吴范表示想请他讲授，但是吴范一直"秘惜其术，不以至要语权，权由是恨之"。吴范终于未能封侯。不过他总算得以善终。他病逝以后，孙权追思不已，"募三州有能举知术数如吴范、赵达者，封千户侯，卒无所得"。

庾季才。他可以算在政治漩涡中善于自处、投机得当的例了。他

---

[1]　公元219年是建安二十四年，己亥年，其明年是理论上的东汉延康元年，同时也是魏文帝曹丕登基的黄初元年，但《三国志》中仍将此年称为建安二十五年；此为庚子年。吴范所谓"亥子之间"，即指此两年之交。

原是萧梁的太史令，北周破江陵，庾季才转事北朝。这种事在当时很常见，似乎没有人以"气节"之类的"大义"去严谴，更未见有人以"汉奸"斥之——别忘记北周是鲜卑人建立的王朝，是真正的异族呢。宇文泰"一见季才，深加优礼，令参掌太史。每有征讨，恒预侍从"（《隋书·艺术传》）。武成二年（公元560年），庾季才与同是由梁入北周的大文士庾信、王褒一同成为北周的"麟趾学士"。

北周武帝宇文邕在位的开始十多年中，大权落在宇文护之手，宇文护几乎成了北周王朝实际上的统治者。等到武帝杀死宇文护，自然要对往日趋附宇文护的众臣进行株连和清洗。武帝亲自检查从宇文护那里查抄出来的文书档案，凡有"假托符命，妄造异端者"——这实际上就是曾向宇文护效忠劝进，鼓动他夺取皇位的人，都被诛戮；而在庾季才致宇文护的两纸书信中，却看到通过谈论天象和灾异劝宇文护"反政归权"的内容。武帝大为称赏，认为庾季才"至诚谨悫，甚得人臣之礼"，于是升官。

庾季才这件事上虽然自处得当，得到了皇帝的信任，然而伴君如伴虎，稍一不慎就会获罪。入隋以后，天学家之间的相互倾轧颇为剧烈，庾季才说了一句真话，就被免职。

那时隋文帝将太子杨勇废为庶人，改立晋王杨广（即后来的亡国之君隋炀帝）为太子，当时的太史令袁充一贯假托祥瑞以迎合帝意，此时竟奏称"隋兴以来，日景渐长。……伏惟大隋启运，上感乾元，影短日长，振古稀有"。尽管天人感应之说在古代中国深入人心，但说日长竟会因"大隋启运"而增加，毕竟过于离谱。袁充如此谬说，实在不能不令同行和后人齿冷，当时隋文帝却对此觉得有点正中下怀。他倒也曾就此事去征询过庾季才的意见，庾季才就直言袁充之谬，结果却是"上大怒，由是免职，给半禄归第"。不过仍然"所有祥异，常使人就家访焉"，算是还让他发挥一点余热。

庾季才在家寿终正寝，终年88岁，运气应属不坏了。

刘基。最后我们举刘基的例子，以见作为皇家天学家这种"帝王之师"的生涯有时候是如何临深履薄。刘基原是元朝的进士，也作过几任元朝的官职，因朝政腐败，遂弃官隐居。后来被朱元璋罗致，成为朱元璋的头号谋士，终于帮助朱元璋成就了帝王之业。与此同时，刘基也是朱元璋政权的首席天学家。朱元璋称帝，他出任太史令，上《戊申大统历》——《大统历》是元代郭守敬《授时历》的改编本，一直行用到明亡之岁。

刘基在履行皇家天学家职责时，本来就极谨慎，《明史·刘基传》说"帝尝手书问天象，基条答甚悉而焚其草"。等到朱元璋帝业既成，刘基作为开国元勋，理应大受封赏，享受荣华富贵了，他却深知"狡兔死，走狗烹；飞鸟尽，良弓藏"的道理，一心想避免朱元璋杀戮功臣的惨祸——"还隐山中，惟饮酒弈棋，口不言功"。然而即便如此，最终还是未能免祸。

刘基的政敌胡惟庸上奏称：刘基企图占据一块有"王气"的地作为自己的墓地。这一指控非同小可！

"王气"者，帝王之气也，按照中国古代天学中的有关理论，某地有"王气"，则此地将有帝王兴起。大汉、盛唐这样的强大王朝之崛起自然有王气作为先兆；即使是偏安江左的小王朝也有它的王气——隋文帝灭陈之日，才使得"金陵王气黯然收"；就连两宋之际伪楚、伪齐这样短寿促命的汉奸政权也有其王气，姑举岳珂《桯史》卷八"阜城王气"条为例：

> 崇宁间，望气者上言景州阜城县有天子气甚明，徽祖（宋徽宗）弗之信。既而方士之幸者颇言之，有诏断支陇以泄其所钟。居一年，犹云气故在，特稍晦，将为偏闰之象，而不克有终。至靖康，伪楚之立，逾月而释位。逆豫既僭，遂改元阜昌，且祈于金酋，调丁缮治其故尝夷铲者，力役弥年，民不堪命，亦不免于废也。二僭（伪楚张邦昌、伪齐刘豫）皆阜城人，卒如所占云。

既然如此，刘基企图染指"王气"，岂非已有不臣之心？

刘基在辅佐朱元璋造反夺天下的过程中，多半也讲论过"凤阳王气"、"金陵王气"之类的话头，刘基的天学既能帮助自己夺得天下，又焉知不能从自己儿孙手中再将天下夺去？许多开国帝王在屠戮功臣时都有这种担忧。胡惟庸正是利用这一点来打击、诬陷刘基。朱元璋虽并不全相信这种指控，但仍不免"颇为所动"，就削夺了刘基的俸禄。刘基非常害怕，入京谢罪（不管实际上有没有罪，天子既然惩罚了你，你就一定有罪——臣罪当诛兮，天皇圣明！），并且留在京师不敢再回去。

不久刘基忧愤成疾，吃了胡惟庸派来的医生所开之药，病情更加恶化——相传他是被毒死的。临终之时，他又作了一项为子孙免祸的努力：

　　　　疾笃，以《天文书》授子琏曰："亟上之，毋令后人习也！"

刘基叫儿子赶快将不许民间私习的《天文书》上交，子孙后代再也不要学这种东西了！[1]这位生前以天学名世的人，却留下了这样的遗言。

---

[1]　我们在下一章将要谈到，皇家天学官员通常是世袭的，明代尤甚。刘基既曾担任过太史令，其子应该是可以合法习天文的。

第四章　官营天学：传统与例外

《周礼》及后代之天学职官／天学职官之品级／皇家天学机构之规模及沿革／明清时代的皇家天学机构／地方之阴阳学制度／皇家天学机构人员之考试录用／元代的试题／张子信的民间天学活动——中国历史上唯一的例外？／张子信的天文学发现／张子信是中国天文学史上的大谜之一

1

在古代中国社会中，几千年来，皇家天学机构一直是中央政府的一个重要部门。

这一传统，可以追溯到商周时代，甚至更早。从《尚书·尧典》所载帝尧分命天学官员前往四方观天之事，推断那时已有天学机构，且负责领导此机构的天学家是重要的朝廷命官，应该不算牵强附会。到了周代，皇家天学机构及其职官，都已颇具规模，并且对后世产生深远的影响。这可以从《周礼》中见之。

《周礼》的成书年代，历来众说纷纭，"疑古"盛行之时，甚至斥之为伪书。但是根据近年学者的研究，将西周金文中所见官制与《周礼》所言相参证，可以断定《周礼》中记载的官制有相当成分为西周官制之实录，[1] 当然其中也不是没有后人理想化的成分。

《周礼·春官宗伯》所载各种官职中，至少有六种，其执掌中有明显与天学事务有关者：

> 大宗伯之职，掌建邦之天神人鬼地示之礼，以佐王建保邦国。……以实柴祀日月星辰。……

---

[1]　陈汉平：《西周册命制度研究》，学林出版社，1986年版，第214页。

占梦。掌其岁时，观天地之会，辨阴阳之气，以日月星辰占六梦之吉凶。……

眡祲。掌十煇之法以观妖祥、辨吉凶。……

大史（太史）。……正岁年以序事，颁之于官府及都鄙，颁告朔于邦国。闰月，诏王居门；终月，大祭祀，与执事卜日；……

冯相氏。掌十有二岁、十有二月、十有二辰、十日、二十有八星之位，辨其叙事以会天位。冬夏致日，春秋致月，以辨四时之叙。

保章氏。掌天星以志星辰日月之变动，以观天下之迁，辨其吉凶。以星土辨九州之地——所封封域，皆有分星，以观妖祥。以十有二岁之相观天下之妖祥。以五云之物辨吉凶水旱降丰荒之象。以十有二风察天地之和，命乖别之妖祥。凡此五物者，以诏救政，访序事。

以上各职官的级别和属吏人数也规定甚明：

大宗伯，卿一人。

占梦，中士二人，史二人，徒四人。

眡祲，中士二人，史二人，徒四人。

大史，下大夫二人，上士四人。

冯相氏，中士二人，下士四人，府二人，史四人，徒八人。

大宗伯职掌甚多，天学事务仅为其中一个方面。在他之下，太史的级别也相当高，也有不少旁的职掌。再以下四种职官则为具体事务的负责人。

《周礼》所记官职，曾对后世中国政府机构的构成产生过重大而持久的影响，是无可怀疑之事。《周礼》六官之制，后来大体演变为中央政府的六部。其中春官宗伯所辖各官，即为后世之礼部。两千多年来，皇家天学机构也一直是在礼部的领导之下。

皇家天学机构的名称及其负责首脑的官职名称，历代屡有变动，兹列出一览简表如下：[1]

---

[1] 据《通典》卷二十六、《续通志》卷一百三十一、《续文献通考》卷五十六整理。又，关于此事还可参考王宝娟："唐代的天文机构"，载《中国天文学史文集》第五集，科学出版社，1989年版；王宝娟："宋代的天文机构"，载《中国天文学史文集》第六集，科学出版社，1994年版；王宝娟："辽、金、元时期的天文机构"，载《中国天文学史文集》第六集，科学出版社，1994年版。

机构名称	首脑官名	时代
	太史令	秦
	太史公	汉武帝时
	太史令	汉宣帝时起，直至南北朝结束
太史曹	太史令	隋文帝
太史监	太史令	隋炀帝
太史局	太史令	唐初
秘书阁	郎中	唐高宗龙朔二年
太史局	太史令	唐高宗咸亨初年
浑天监	浑天监	武则天久视元年
浑仪监	浑仪监	武则天久视元年
太史局	太史局令	武则天长安二年
太史监	太史局令	唐中宗景龙二年
太史监	太史监	唐玄宗开元二年
太史局	太史令	唐玄宗开元十四年
太史监	大监	唐玄宗天宝元年
司天台	大监	唐肃宗乾元元年
司天监	司天监	北宋初至宋神宗
太史局	太史令	宋神宗至南宋末
司天监	太史令	辽
司天监	提点	金
太史院	院使	元
司天台	司天监[1]	元
钦天监	监正	明
钦天监	监正	清

名称虽然屡变，但皇家天学机构的地位和性质，确实是自《周礼》以下一脉相承，垂数千年而不变。

---

[1]　元代的皇家天学机构与前后各朝颇有不同。如太史院之院史有五人之多；司天台之司天监有三人之多，且此三员司天监之上又有"提点"一员，但可能属名义上"分管"之上级。

2

李约瑟在他的《中国科学技术史》天学卷中曾引用了 19 世纪 F. 屈纳特（Kuhnert）谈论中国古代历法时的一段夸张论述：

> 许多欧洲人把中国人看作是野蛮人的另一个原因，大概是在于中国人竟敢把他们的天文学家——这在我们有高度教养的西方人眼中是最没有用的小人——放在部长和国务卿一级的职位。这该是多么可怕的野蛮人啊！[1]

屈氏的意思，是强调古代中国社会中天学家的地位之高。不过他对于中国社会实际情形的理解毕竟隔了一层。古代中国的皇家天学机构一直是在礼部的管辖之下，而礼部 (以及其他各部) 的首脑才是部长一级的官员。至于天学家担任更高的职务，则如我们在前面已经看到的那样，那时往往太史令另有其人。

皇家天学机构负责人的官阶，历朝颇有沉浮波动，这从下面资料尚不完整的表中可以略见一斑：

首脑官名	首脑官品	时代
太史局令	从五品下	唐高祖武德四年
大监	正三品	唐玄宗天宝元年
大监	从三品	唐肃宗乾元元年
司天监	正三品	北宋初
司天台提点	正五品	金
太史院院使	正二品	元
司天台	从五品	元
钦天监监正	正五品	明

---

[1] F.Kuhnert: Das Kalenderwesen bei d. Chinesen, Osterreichische Monatschrift f. d. Orient, Vol.14(1888), 111. 译文引自李约瑟：《中国科学技术史》第四卷，《中国科学技术史》翻译小组译，科学出版社，1975 年版，第 2 页。

（续表）

首脑官名	首脑官品	时代
钦天监监正	正五品 [1]	清

如果以现代的官职级别去对应，则明清时代正五品的钦天监监正，大致相当于今天的正局级与副部级之间——因为钦天监虽然归属礼部领导，但它明显带有相当今日"国务院直属机构"的味道。比照今日中国的五个天文台，各台皆属中国科学院领导，台长为正局级，而科学院为部级。然而当年的钦天监只有一个，且为皇家禁脔，其首脑级别较今日之天文台台长略高，应在情理之中。

现在回过头再看前引屈纳特之说，可见他对古代中国皇家天学机构首脑的行政级别显然是估计过高了。至于天学家有时大受宠信，俨如帝师，那时其地位与作用又比"国务卿"更大得多，这一点又非屈氏所容易理解者也。

3

皇家天学机构的规模，历朝也不尽相同。

早期的情况，目前只能就前引《周礼》所记大致推测，总人数约为四十余人。但这未必能视为周代的实际情况。

宋人徐天麟撰《西汉会要》，关于西汉的皇家天学机构，仅能从《汉书》之《律历志》、《郊祀志》、《李广传》等处收集零星材料，知西汉有"大典星"、"治历"、"望气"、"望气佐"等天学官职。[2] 东汉情况稍详，亦仅知太史令一人，秩六百石（此与唐初太史局令仅为从五品下颇相似）。其属吏有丞一人，又明堂丞及灵台丞各一人，秩皆仅二百

---

[1] 据纪昀等所撰《历代职官表》卷三十五，清初定为四品，康熙六年改为三品，自康熙九年起确定西洋及满洲监正俱为正五品。

[2] 徐天麟：《西汉会要》卷三十一"职官一"。

石。[1] 然而据刘昭《后汉书志注》引《汉官仪》，则太史令有直接领导的属员三十七人；由太史令领导的灵台丞又有属员四十二人。[2] 在太史令的三十七属员中有如下分工：

治历，六人，

龟卜，三人，

庐宅，三人，

日时，四人，

易筮，三人，

典禳，二人，

籍氏，三人，

许氏，三人，

典昌氏，三人，

嘉法，二人，

请雨，二人，

解事，二人，

医，一人。

灵台丞四十二名属员的分工则是：

候星，十四人，

候日，二人，

候风，三人，

候气，十二人，

候晷景，三人，

候钟律，七人，

舍人，一人。

由此可以推测两汉时期皇家天学机构的大致规模。

三国两晋、南北朝直至隋代的情形，资料稍感缺乏。清代纪昀等撰《历代职官表》卷三十五引《唐六典》云："魏太史令吏员，有望候

---

[1]　徐天麟：《东汉会要》卷十九"职官一"。

[2]　转引自《历代职官表》卷三十五。

郎二十人，候部郎十五人"、"（晋）太史吏员，有典历四人，望候郎二十人，候部吏十五人"。又据《隋书·百官志》，隋文帝时太史令的属吏曾有"司辰师"四人，而"漏刻生"则多达一百一十人之众。

从唐代以下，史料较为丰富，已有学者对唐、宋及辽、金、元五朝的皇家天学机构作过研究，兹略述如下：

唐代的皇家天学机构一直相当庞大。其极致或当数唐肃宗乾元年间，改太史监为司天台，又另建新台，重设官员，其数不同于旧制。兹详列如下，以见昔日大唐帝国之流风遗韵：

大监，一人，

少监，二人，

五官保章正，五人，

丞，三人，

主簿，三人，

定额值，五人，

五官灵台郎，五人，

五官司历，五人，

五官监候，五人，

五官挈壶正，五人，

五官司辰，十五人，

五官礼生，十五人，

五官楷书手，五人，

令史，五人，

漏刻博士，二十人，

典钟、典鼓，三百五十人，

天文观生，九十人，

天文生，五十人，

历生，五十五人，

漏生，四十人，

视品，十人。

总计 694 人。[1] 如此庞大的天学机构，在世界历史上恐怕也罕有其匹了。几年后虽然稍有精简，仍达 671 人。当然，其中的"典钟、典鼓"等可能已是仪仗队的性质。

宋、辽、金三朝的皇家天学机构，似乎较为精简，据史籍所载，其职官及属员在几十人至百人左右。[2]

及元朝完成一统，接收了宋、金两朝的皇家天学机构及其人员，又建立起汉、回（伊斯兰）两套天学班子——在上都（今内蒙古自治区多伦县东南）建"回回司天台"，在大都（北京）建司天台作为太史院的办公之所，还在阳城（今河南登封）建立观星台。加之又在全国范围内进行大规模的天学测量，天学机构又趋庞大，而且关系复杂。元初皇家天学机构首脑太史院院使的官阶高达正二品，又有司天台、回回司天监，皆与太史院并列（首脑的品级稍低）。至元十六年（公元 1279 年）建成大都司天台，下设推算局、测验局、漏刻局，此三局就有工作人员 70 人；皇庆元年（公元 1312 年）的司天监共有官员属吏 120 人。[3]

4

明清两朝，可说是中国封建专制王权发展的极致。王权对于皇家天学机构的依赖（参见本书第一章绪论）已经大为下降，不过皇家天学机构的传统神圣地位仍然没有动摇。皇家天学机构定名为"钦天监"，这一名称使用了 500 余年，成为在戏文小说里都能时常见到的流行词汇。

据《明史·职官志》，明代钦天监机构较为精简，人员如下：

监正，一人，

监副，二人，

---

[1]　参见《历代职官表》卷三十五及前引王宝娟第一文。

[2]　参见《历代职官表》卷三十五及前引王宝娟第二、三文。

[3]　参见《历代职官表》卷三十五及前引王宝娟第三文。

主簿厅主簿，一人，

春官正、夏官正、中官正、秋官正、冬官正，各一人，

五官灵台郎，八人，

五官保章正，二人，

五官挈壶正，二人，

五官监候，三人，

五官司历，二人，

五官司晨，八人，

漏刻博士，六人。

总计仅 40 人，后来还再进一步精简，仅为 22 人。地位最高者为监正，为正五品，地位最低的五官司晨和漏刻博士为从九品。钦天监的人员分为四科：

天文科，负责天象观测及记录；

漏刻科，负责授时；

历科，负责每年《大统历》的编算；

回回科，前身是元代和明初的回回司天监，从事伊斯兰天学，并以伊斯兰天学方法作为中国传统天学的补充和参考。

与前朝相比，明代钦天监的这个规模实在是非常小了。这一现象，与天学对于王权的重要性已经下降到仅作为象征和装饰之用，以及明代对于民间"私习天文"的厉禁逐渐开放，应该有着内在的联系。

不过到了明末，又曾在钦天监之外设立过两个天学机构。

由于《大统历》行用日久，误差日益显著；又适逢耶稣会传教士接踵来华，向中国知识界展示了比中国传统天学更为先进的西方天文学方法，结果朝廷内外要求改历的呼声甚高。但是钦天监方面却坚持守旧的立场，对于改历之议甚为厌恶。于是在崇祯二年 (公元 1629 年) 设立由徐光启领导的历局，专门进行编撰《崇祯历书》的工作。因为这项工作主要是译介西方天文学，故徐光启领导的历局被称为"西局"。与此对应的，是以坚决反对西方天文学的布衣魏文魁——当然是在朝中某些高官的支持之下——为首的"东局"。《明史·历志》记当时

情形云：

> 是时言历者四家——大统、回回外，别立西洋为西局，文魁
> 为东局，言人人殊，纷若聚讼焉。

这种几个官方天学机构相互辩论攻击的情形，可能是中国历史上空前绝后的。[1] 元代"回回司天台"与"汉儿司天台"并立，也只是互补和竞争的关系，并无对立情形。此东局、西局皆为临时设立的机构，随着明朝的灭亡，也就烟消云散了。

入清之后，钦天监与明代相比，有两个明显的不同之点。一是顺治任命来华耶稣会传教士汤若望为钦天监负责人，开了清代以来在华耶稣会士领导钦天监的传统，而且这一传统持续了 200 年之久。二是清朝以异族而入主中华，在民族问题上十分敏感，朝廷各部门的领导班子往往要搞满、汉两套。因而钦天监的规模又较明代有所扩大。

清代钦天监下设时宪科、天文科、漏刻科、主簿厅，《历代职官表》卷三十五载其制度云：

钦天监：

监正，满洲一人、西洋一人，

监副，满洲、汉人各一人，

左、右监副，各西洋一人，

总理监务王大臣，一人（乾隆十五年始置，特别任命，并无定员）。

时宪科：

五官正，满洲二人、蒙古二人，

春、夏、中、秋、冬五官正，汉人各一人，

秋官正，汉军 [2] 一人，

---

[1] 关于明清之际西方天文学在中国的传播及其影响，将在后面章节详论。

[2] 此处"汉军"与"汉人"区别甚明："汉军"是八旗子弟——清代八旗由满洲八旗、蒙古八旗和汉军八旗组成，是"汉军"已经加入了征服者行列的先被征服者；"汉人"则是被征服者，是真正意义上的亡国奴。

五官司书，汉人一人，

　　博士，满洲一人、汉军二人、蒙古二人、汉人十六人。

天文科：

　　五官灵台郎，满洲二人、蒙古一人、汉军一人、汉人四人，

　　五官监候，汉人一人，

　　博士，满洲三人、汉人一人。

漏刻科：

　　五官挈壶正，满洲、蒙古各一人、汉人二人，

　　五官司晨，汉军一人，

　　博士，汉人六人。

主簿厅：

　　主簿，满洲、汉人各一人。

辅助人员：

　　食俸天文生，满洲、蒙古十六人、汉军八人、汉人二十四人，

　　食粮天文生，汉人五十六人，

　　食粮阴阳生，汉人十人，

　　笔帖式，满洲十一人、蒙古四人、汉军二人。

总计达 196 人。

5

　　在都城的皇家天学机构，数千年来一以贯之。然而元、明两朝还在各地设立过一种准天学机构——即所谓阴阳学制度。[1]

　　我已经在拙作《天学真原》中设法证明：天学是古代中国各种阴阳术数的灵魂和主干。[2] 因此皇家天学机构将阴阳术数作为自己掌握和

---

[1]　参见沈建东："元明阴阳学制度初探"，《大陆杂志》（中国台湾），79 卷 6 期（1989）。本节主要参考沈氏的上述成果。

[2]　江晓原：《天学真原》，第 46—55 页。

运作的对象之一，在理论上是顺理成章的，在事实上也确实如此。[1] 但是阴阳术数在中国民间有着极为深厚的基础，并非皇家天学机构所能独揽；为使皇家能够间接掌握控制之，遂有阴阳学制度之设。

阴阳学制度创始于元世祖至元二十八年（公元1291年）。《元史·选举志一》载其事云：

> 世祖至元二十八年夏六月始置诸路阴阳学。其在腹里、江南，若有通晓阴阳之人，各路司官详加取勘。依儒学、医学之例，每路设教授以训诲之。其有术数精通者，每岁录呈省府，赴都试验，果有异能，则于司天台内许令近侍。（元仁宗）延祐初，令阴阳人依儒医例，于路、府、州设教授员，凡阴阳人皆管辖之，而上属于太史焉。

由上述记载可知，地方上的"阴阳人"——即民间的阴阳术士，被纳入官方的管辖之下，并且有可能被选拔为皇家天学机构的候补成员。至明代，阴阳学制度更为完备，各府设阴阳学正术，各州设典术，各县设训术。但品级甚低，地位最高的正术才是从九品——官阶中最低的一档，而且有职无俸，以下典术、训术则是"未入流"，不能列入正式官员的系列之中了。这些地方上的阴阳学官员，系从当地的"阴阳人"中选拔出来，选拔工作则由钦天监负责进行，《大明会典》卷二二三载其运作情形云：

> 凡天下府州县举到阴阳人堪任正术等官者，俱从吏部送（钦天监），考中，送回选用；不中者发回原籍为民，原保官吏治罪。

这些地方阴阳官员指导阴阳生的学习，并率领阴阳生管理谯楼（地方上的授时系统）、治理神坛、进行祈雨、"救护"（在日月交蚀发生时所进

---

[1]　关于这一点将在后面的章节中详论。

行的禳祈活动）之类的仪式。而由钦天监负责地方阴阳学官员的考试选拔，正体现了皇家天学机构对阴阳术数的控制。

6

一个王朝的首任皇家天学机构负责人，往往是在前朝干犯"私习天文"之禁的不法之徒——当然对于新朝而言他是开国功臣。当这位新朝的首席天学家为皇家建立天学机构之后，机构中后继人员的来源，主要是通过向社会招考初级人员，然后进行培训。钦天监中的这种初级人员称为天文生，主要是从地方上的"阴阳人"中考试选拔。

从地方术士中招考皇家天学机构初级人员，会遇到一个相当麻烦的问题（用如今官式套话来说是"政策性很强的问题"）。我们前面已经多次说过，天学是禁止民间私习的，因此从理论上说，在守法良民中应该不可能有人能通过这种考试。但是另一方面，天学又是阴阳术数的灵魂和主干，因此阴阳学官员和生员以及民间术士必然会接触到一部分天学知识，考试正是要考他们这方面的知识。如何处理这一问题，所幸有元代《秘书监志》保存了有关的历史文件，其书卷七"司天监"下载有当时的考试办法，开首云：

> 旧例草泽人三年一次，差官考试，于所习经书内出题六道，试中者收作司天生，官给养直，入（司天）台习学五科经书。……若令草泽人许直试长行人员，缘五科经书已行拘禁了当，其草泽人不得习学。所据草泽许习经书，即非五科切用正书，难便许试长行。

这段话对现代读者来说可能有些费解。"草泽人"指民间术士，他们每三年有一次考试机会，通过这种初级考试者可被收为司天监中官费的"司天生"——这只是一种学员身份；他们在此期间可以学习禁止民间私习的"五科经书"，再通过进一步的考试，才能成为皇家天学机构中的正式成员，即所谓"长行人员"。

更妙的是，在上面所说三年一次的初级考试中，考什么教材，出什么考题，《秘书监志》卷七中都有详细记载。允许"草泽人"学习的是下列教材：

1.《宣明历》

2.《符天历》

3. 王朴《地理新书》

4. 吕才《婚书》

5.《周易筮法》

6.《五星》

又记载考题四类共 10 题：

1. 历法题

假令依《宣明历》推步某年月日恒气经朔？

假令依《符天历》推步某年月日太阳在何宿度？

2.《婚书》题：

假令问正月内阴阳不将日有几日？

3.《地理新书》题：

假令问安延翰以八卦之位同九星之气，可以知都邑之利害者，何如？

假令问五姓禽交名得是何穴位？

假令问商姓祭主丁卯九月生，宜用何年月日晨安葬？

4. 占卜题：

假令问丁丑人于五月丙辰日占求财，筮得卦第爻动，依易筮术推之？

假令问正月甲子日寅时，六壬术发，用三传当得何课？

假令问大定己丑人五月二十而日卯时生，禄命如何？依三命术推之。

假令问七强五弱何如之数？依五星术以对。

每次考试时，在上述题库中选六题。这些保存下来的试题，既能说明"私习天文"之禁与合法的阴阳术数之学其间界限何在，又能说明民间阴阳术士"为民服务"的常见项目——主要是推排历日和算命择吉。顺便说一说，如果有人要研究古代"考试学史"，这些教材书目和考题也是极有趣味的史料，当然这是题外的话了。

7

官营的天学机构在中国古代有几千年的强大传统，但是也有一个可能的例外，必须专门提出来加以讨论，即公元 6 世纪时张子信的天学活动。从现有的文献记载来看，张子信的天学活动确实纯属私人性质——果真如此的话，那就是明末以前中国历史上唯一的例外了。

张子信在《北齐书》卷四十九和《北史》卷八十九中皆有传，内容相同，都很简短，其中并无任何一语提及他的天学活动，只记载了他一次利用风角之类占术预知吉凶的故事——属于小说《三国演义》中"诸葛智而近妖"那种类型。[1] 对于此处讨论可能有价值的只是如下内容：

> 张子信，河内人也。性清静，颇涉文学，少以医术指明。恒隐于白鹿山，时游京邑。甚为魏收、崔季舒等所礼，……后魏以太中大夫征之，听其时还山，不常在邺。……齐亡，卒。

而记载张子信天学活动的史料是在《隋书·天文志》：

> 至后魏末，清河张子信，学艺博通，尤精历数。因避葛荣乱，隐于海岛中，积三十许年，专以浑仪测候日月五星差变之

---

[1]　在历朝正史之涉及方技术数的人物传记中，这类预知吉凶的故事不胜枚举。

数，以算步之。始悟日月交道有表里迟速，五星伏现有感召向背。……[1]

从这段记载来看，张子信的天学活动没有什么官营色彩。他是为了逃避战乱而去海岛隐居的，这看起来完全像一种个人行动。

葛荣之乱持续三年，时间在公元 526—528 年，张子信在此期间开始他海岛上的天学活动，"积三十许年"，则已到西魏北周易代之际（公元 557 年）。这期间发生了北魏分裂、北齐代东魏等一系列政治事变，张子信究竟算哪一朝的臣民，本来就殊难断定，况且又去海岛隐居，就更有点"遗世而独立"的味道。而照上引《北齐书》本传上的记载，他曾任过北魏的官职，又与魏收等交往——魏收后来入北齐，《魏书》就出自他手。若张子信真是至北齐亡国（公元 577 年）后才去世，那他应该是在海岛观天三十年后又活了二十年，这虽然不是不可能，但总使人觉得是一件可能性不太大的事情。

在海岛观天三十年并且作出重大成就，此事件非同小可。

在世界天文学史上，丹麦天文学家第谷（Tycho）受到王室资助，在汶岛从事天文观测，一直是科学史家津津乐道的盛事，也不过持续了 22 年。[2] 张子信与之相比又有过之。

据《隋书·天文志》上的记载，张子信在海岛上使用了浑仪。而在中国古代，浑仪通常总是大型天学仪器，而且属于"国之重器"之列，铸造一架浑仪，必须经过皇帝的亲自批准，绝对是一件"重大政治任务"。正因为如此，从汉代开始，历朝历代先后铸造过的浑仪，几乎每一架都在史籍中有案可查。[3] 至于民间私自铸造，那是想也不敢想的大

---

[1] 将上面这两段记载对照起来看，其中的张子信也可能不是同一人——籍贯不同，主要艺业也不同。但也没有足够的证据证明必为两人，只能姑且存疑。

[2] 参见江晓原："第谷传"，载《世界著名科学家传记·天文学家·Ⅰ》，科学出版社，1990 年版，第 8—34 页。

[3] 关于天学仪器在本书后面的章节还将有进一步的讨论。

逆之事。[1] 然则张子信所用浑仪，岂非极大的例外？它究竟是何来历？这都是饶有趣味的问题。

在海岛上长期从事天学观测和研究，当然不可能是孤身一人。给养需要有人来补充，生活需要有人来照料，仪器的操作、观测的记录、数据的计算都需要助手来协助。因此可以推想，张子信多半在海岛上有一个小型的团体。这样的话，套用现代的术语来说，就可以认为"张子信在海岛上领导着一个小型天文台，有效运作了三十年之久"。在民间"私习天文"都是大罪的时代，张子信这伙人竟敢如此作为，究竟有什么背景？仅用"战乱时政治统治松懈"，显然是难以解释的。

那么张子信究竟在海岛上作出了什么重大成就呢？主要是指出了太阳周年视运动和行星运动的不均匀性——对于这种不均匀性，古希腊天文学早已发现和掌握，但是中国人在公元 6 世纪之前一直不知道。张子信的上述发现，通常被认为对此后隋唐历法的进步有巨大促进作用。[2]

然而，根据我前几年的研究，隋唐历法中这一系列被认为是基于张子信的发现而取得的新进展，却与塞琉古王朝时期的巴比伦数理天文学有着密切的关系。[3] 这就间接对张子信所得到的发现的来源产生了疑问。李约瑟也认为张子信这一系列新成就又很有可能是受到了印度 – 希腊天文学的影响。[4] 他的这种猜测并非毫无根据。我们姑且比较两则那个时期的有关史料，就可看出一些蛛丝马迹：

　　　　五星行四方列宿，各有所好恶。所居遇其好者则留多、行迟、

---

[1] 一切与天学有关的器物和图书，皆严禁民间私藏，"匿而不言者论以死"，更不用说浑仪这种大型天学仪器了。参见《天学真原》，第 62—65 页。

[2] 参见中国天文学史整理研究小组《中国大文学史》，第 29、156 页。

[3] 可参见如下两篇拙文："从太阳运动理论看巴比伦与中国天文学之关系"，载《天文学报》29 卷 3 期（1988）；"巴比伦与古代中国的行星运动理论"，载《天文学报》31 卷 4 期（1990）。

[4] 李约瑟：《中国科学技术史》第四卷，第 531 页。

见早；遇其恶者则留少、行速、见迟。(《隋书·天文志·中》所述
张子信的发现之一)

　　凡二星相近，多为之失行，三星以上失度弥甚。天竺历以九
执之情，皆有所好恶。遇其所好丒之星，则趣之行疾，舍之行迟。
(《新唐书·历志·三下》)

用性情好恶来解释行星运动中的一些现象，在印度的天文星占学说中
确实有之，但这种说法却也被明确归于张子信名下，这至少提示了两
者之间有着某种密切关系。

　　张子信是中国天文学史上最大的几个谜之一。

第五章　天象与天学秘籍（上）

灵台候簿/方豪所见清代灵台候簿实例/灵台观天所需观测之七类天象/用来"仰窥天意，教化世人"的档案文献——史传事验/官修史书中的史传事验/《开元占经》的内容及其价值和故事/李淳风的《乙巳占》/《灵台秘苑》/官史中的"天学三志"

1

古代中国人既然笃信"天垂象，见吉凶"，天象被看成是"天意"的显示，是上天对人间帝王政治优劣的表扬和批评，是对人间吉凶祸福的预言和警告。那么很自然的，对各种天象必须认真、持续地加以观测和记录，只有这样，天学家才能为帝王上窥天意，上体天心。而欲知天象奥秘，必须勤于观天并进行记录。

第四章谈到《周礼·春官宗伯》所载各种官职中，"占梦"之"掌其岁时，观天地之会，辨阴阳之气"、"保章氏"之"掌天星以志星辰日月之变动，以观天下之迁，辨其吉凶。以星土辨九州之地"、"以十有二岁之相观天下之妖祥。以五云之物辨吉凶水旱降丰荒之象。以十有二风察天地之和，命乖别之妖祥"等，都属于灵台观天的内容。从理论上说，灵台上昼夜都有专人对天象、云气等进行观测，观测的结果被记录在称为"灵台候簿"的档案中。

非常可惜的是，"灵台候簿"的实物，迄今尚未见有完整保存至今者。[1] 幸有教会学者方豪，1946 年在当时北平的北堂图书馆读书时，偶

---

[1] 不过找到这种实物的可能性仍然存在。据说有人曾在北京故宫档案中见过较为完整的"灵台候簿"。

然于书库中发现一个纸包，里面"尽为断简残编及零碎纸屑"，但是却有四张表，是清朝嘉庆年间钦天监观象台——就是今天北京建国门古观象台——上的观象值班记录。虽然时代较晚，但作为古代"灵台候簿"之吉光片羽，仍然弥足珍贵。这里移录其第二、第三两表[1]如下：

方豪所见第二表

嘉庆十九年十二月十一日丁卯小寒十五日

观象台风呈	值日官	五官监候纪录九次		路 鹏（押）
		博士纪录	五次	常 兴（押）
日出辰初初刻十三分昼三十八刻四分		班首		天文生李为松（押）
日入申正三刻二分夜五十七刻十一分				天文生张彭龄（押）
寅时		三班		
	寅卯辰时	黄德泉	王光裕	
卯时				
辰时西北风阴云中见日				
	巳午时	于中吉	黄德溥	
巳时西北风阴云中见日				
午时西北风阴云中见日				
	未时	鲍 铨		
未时西北风阴云中见日				
申时西北风阴云中见日				
酉时				
	申酉戌时	孙起元	司兆年	
戌时				
昏刻西北风阴云中见星月	昏 刻			李为松
一更西北风阴云中见星月	一 更			王光裕

---

[1] 录自方豪：《中西交通史》，岳麓书社，1987年版，第725—728页。除了改为横排之外，已尽量保存了原表的格式。

二更西北风阴云中见星月	二　更	于中吉
三更西北风阴云中见星月	三　更	黄德溥
四更西北风阴云中见星月	四　更	黄德泉
五更西北风阴云中见星月	五　更	鲍　铨
晓刻西北风阴云中见星月	晓　刻	孙起元
		司兆年

午正用象限仪测得太阳高风云

一丈中表　北影边长

南北圆影长

嘉庆十九年十二月十一日仪器交明接管讫（相当公元1815年1月20日）

方豪所见第三表

嘉庆二十一年二月七日丁巳惊蛰一日

观象台风呈　值日官	五官灵台郎纪录八次	金　城（押）	
	博士纪录　　五次	那　敏（押）	
日出卯正一刻五分昼四十五刻五分	班首	天文生白嵩秀（押）	
日入酉初二刻十分夜五十刻十分		天文生徐治平（押）	
寅时	二班		
卯时东北微风阴云中见日	寅卯辰时	李　钧	孙　安
辰时东北微风阴云中见日			
巳时东北微风阴云中见日	日生晕影苍黄色在危宿		
	巳午时	李文杰	田　晨
午时东北微风阴云中见日	日生晕影苍黄色在危宿		
	未时	何元溥	
未时东北微风阴云中见日			
申时东北微风阴云中见日			
酉时东北微风阴云中见日	申酉戌时	何元渡	何树本
戌时			
昏刻东北微风阴云中见星月	昏　刻	白嵩秀	

一更东北微风阴云中见星月	一　更	孙　安
二更东北微风阴云中见星月	二　更	李文杰
三更东北微风阴云中见星月	三　更	田　晨
四更东北微风阴云中见星	四　更	李　钧
五更东北微风阴云中见星	五　更	何元溥
晓刻东北微风阴云中见星	晓　刻	何元渡
		何树本

午正用象限仪测得太阳高风云

一丈中表　北影边长

南北圆影长

嘉庆二十一年二月七日仪器交明接管讫（相当于公元1816年3月5日）

由此两表不难看出，观测及记录的规章制度是颇为完备的。不同班次、不同时刻，都分别有专人负责。不过多年相因，早已成为例行公事。随着岁月推移，积弊渐深，人员素质逐年下降，敬业精神日益淡薄，"例行公事"也就会变成"虚应故事"，这种现象早在宋朝的皇家观象台上就已经发生了。故这些表是否真是对当时实际天象一丝不苟的观测实录，尚未可知。

方豪所见之表，并不能代表"灵台候簿"的全部内容。这从下面一件史事中就可以推测出来：

唐玄宗开元二十一年（公元733年），瞿昙悉达之子因抱怨不得参与改历事务，遂与陈玄礼上奏，指控一行的《大衍历》系抄袭其父所译《九执历》而又"其术未尽"，太子右司御率南宫说也附和这一指控。《新唐书·历志三上》记此事结局云：

> 诏侍御史李麟、太史令桓执圭，较灵台候簿，《大衍》十得七、八，《麟德》才三、四，《九执》一、二焉。乃罪说等，而是否决。

唐玄宗下令用"实践检验的标准"来裁决争端。《大衍历》、《麟德历》

都完整保存至今，它们和中国古代别的传统历法一样，都以对日、月和金、木、水、火、土五大行星这七个天体运行情况的推算为主要内容。因此，能利用灵台候簿来检验历法的准确性率，就意味着灵台候簿中必定定期（不一定是逐日）记录着此七大天体的位置，而上述方豪所见的表中并无这样的内容。所以我们可以进而推测：方豪所见的四张表，只是灵台候簿中若干种表格之一种。

2

古时灵台候簿之完整实物虽尚不可见，但是灵台上的值班人员究竟要观测、记录哪些天象，仍然可得而言。

在中国古代，灵台是帝王的通天之所，灵台上的观天，并不是现代意义上的天文学活动，而是地地道道的星占学活动，为的是通过天象了解上天对帝王政治的评价和对人间祸福的预示。这一点我在《天学真原》中已经作过重点论证。因此，灵台观天需要记录哪些天象，可由中国传统星占学运作中通常要占哪些天象来推知。

而星占学中要占哪些天象，则可以从传世的星占学经典著作中入手去探讨。

说来有点奇怪，在传世的中国传统星占学经典著作中，最完备、最著名的一部却是出于印度天学家——世居长安、到他那一代已经华化了的瞿昙悉达——之手，这就是唐代开元年间编成的《开元占经》。关于这部星占学秘籍，后面还有专节讨论，这里为免旁生枝节，先从中归纳中国传统星占学所占之天象。

这些天象可归纳为七大类：

太阳类第一

　日食

　蚀列宿占（太阳运行至二十八宿中不同之宿时，所发生的日食，

其星占学意义各不相同）

日面状况（包括光明、变色、无光、有杂云气、生齿牙、刺、晕、冠、珥、戴、抱、背、直、交、提、格、承——这些都是古人描述所见日面不同状况的专用术语，以及另外若干种实际上不可能发生的想象或幻相，共五十余种）

月亮类第二

月食

蚀列宿占（与日食之"蚀列宿占"相仿）

月蚀五星（此指月亮与五大行星中之某星处于同一宿时，又恰好发生月食，则依星星之不同，其星占学意义亦各异。而不是指月掩行星）

月球运动状况（运行速度、黄纬变化等）

月面状况（包括光明、变色、无光、有杂云气、生齿牙爪足、角、芒、刺、晕、冠、珥、戴、抱、背、昼见、当盈不盈、当朔不朔，以及想象或幻相共数十种）

月犯列宿（月球接近或掩食二十八宿之不同的宿，星占意义不同）

月犯中外星官（月球接近或掩食二十八宿之外的星官，也各有不同的星占学意义）

月晕列宿及中外星官（与上两则相仿，但同时月又生晕，则星占学意义又各不相同）

行星类第三

各行星之亮度、颜色、大小、形状

行星经过或接近星宿星官

行星自身运行状况（顺、留、逆、伏，以及黄纬变化等）

诸行星之相互位置

恒星类第四

恒星本身所呈现之亮度及颜色

客星出现（新星或超新星爆发。有时亦将其他天象如彗星等误认为客星）

彗星流陨类第五

彗星颜色及形状

彗星接近日、月、星宿星官

数彗俱出

流星

陨星

瑞星妖星类第六

瑞星（共六种，无法准确断定为何种天象）

妖星（共有八十余种之多，亦很难准确断定为何种天象）

大气现象类第七

云

气（颇为虚幻，其中有许多实为大气光象）

虹

风

雷、雾、霾、霜、雪、雹、霰、露

此七大类天象，当然未必全是灵台观天时所必须记录的，但是我们有足够的证据断定，其中的大部分是古时观天者所必须注意并加以记录的。这证据可以从《历代天象记录总集》一书中获得。

《历代天象记录总集》收集了二十四史、清史稿、明实录、清实录、"十通"[1]、全国地方志以及其他古籍中的天象记录，时间截至1911年。其中包括：

---

[1]　文史学者们将《通典》、《续通典》、《清朝通典》、《通志》、《续通志》、《清朝通志》、《文献通考》、《续文献通考》、《清朝文献通考》、《清朝续文献通考》这十种著作习称为"十通"。

太阳黑子:	270 余项
极光:	300 余项
陨石:	300 余项
日食:	1600 余项
月食:	1100 余项
月掩行星:	200 余项
新星·超新星:	100 余项
彗星:	1000 余项
流星雨:	400 余项
流星:	4900 余项

外加附录 200 余项（异常曙暮光、日月变色、雨灰、雨黑子）。如此众多的天象记录流传于世，已经足以证明古代天学家确实长期观察着这些天象。

3

编辑出版《历代天象记录总集》一书[1]，是为了让古代记录服务于当代的科学研究，即我们常说的"古为今用"。但古人记录这些天象，当然不是为此目的。有些论著习惯于拔高古人，常将现代科学的概念强加到古人头上，即使出于善意，也是不通之举。

然则古人观测、记录这些天象，目的何在？答案不过八个字，曰：**"仰窥天意，教化世人"**而已矣！

认为天人之间会相互感应，天象会成为对未来人事的先兆、成为对已发生之人事的谴责或嘉许，这是古代中国人的坚定信念，也是星占学最基本的理论根据。这一点在古代西方文明中也不例外。

---

[1] 此书是全国许多科研单位大量科学工作者协同工作，查书十五万余卷，历时三年（1975—1977）所得的成果。至 1988 年终于由江苏科学技术出版社出版。

　　而星占学的发展，实际上是一个长期积累的过程。古代的通天巫觋——后来演变成专职的天学家——观察并记录了大量天象，他们将这些记录与大量历史事件排比对照，尽力在其间找出"规律"——站在现代科学的立场上，我们当然不会同意其间真有这样的规律，但古人对此坚信不移。比如，相传武王伐纣的前后曾出现过"五星聚舍"（金、木、水、火、土五大行星聚集在二十八宿的某一宿之内）的天象，[1] 而武王伐纣导致了中国历史上最著名的改朝换代事件，于是，"五星聚舍"就被视为改朝换代的征兆。其余可仿此类推。

　　这样的"规律"积累到足够多时，就可以构成一个星占学的理论体系；这样的理论体系用文字记载下来，就成为传世的星占学秘籍。后人根据这些星占学著作，从理论上说，就可以"仰窥天意"了。

　　至于"教化世人"，也是用天象记录与历史事件排比之法，即编成所谓"史传事验"。具体做法，是将前代的天象编年记录、军政大事编年记录和星占学理论三者相互附会，使得天象记录与历史事件在读者面前呈现出一一对应的状况。这种做法在《史记·天官书》中已发其端，这里先录数则以见一斑：

> 　　秦始皇之时，十五年彗星四见，久者八十日，长或竟天。其后秦遂以兵灭六王，并中国，外攘四夷，死人如乱麻。
>
> 　　项羽救巨鹿，枉矢西流，山东隧合从诸侯，西坑秦人，诛屠咸阳。
>
> 　　汉之兴，五星聚于东井。
>
> 　　平城之围，月晕参、毕七重。
>
> 　　诸吕作乱，日蚀，昼晦。
>
> 　　吴楚七国叛逆，彗星数丈，天狗过梁野，及兵起，遂伏尸流血其下。
>
> 　　……

---

[1] 《夏商周断代工程》中的重要专题《武王伐纣时的天象研究》由笔者负责，根据我们的研究结果，这一传说其实不可信。

史传事验的作用，在于以神圣上天的名义，让人看到天网恢恢，疏而不漏，上天赏善罚恶，必有其时。

故古人观天并作辛勤记录，其要义可归结为：

编著星占秘籍以仰窥天意，

编撰史传事验以教化世人。

下面先以一小节介绍史传事验，再用数小结论述星占秘籍。

4

史传事验既是"天垂象，见吉凶"的具体例证，更是在政治上进行道德教化的生动教材，故在历代官修史书的《天文志》和《五行志》中占有重要地位。

在《汉书·天文志》中，史传事验已占到篇幅的十分之三，并且形成一种固定的表达格式：先载天象出现之年月或日期以及对天象之描述，再以"占曰……"陈述对此天象之星占学解释或据此所作出之预言，最后举出其时（或此天象发生前后）之历史事件，以证明天象预兆之应验。举两例如下：

> （建元）三年四月，有星孛于天纪，至织女。占曰：织女有女变，天纪为地震。至四年十月而地动，其后陈皇后废。
>
> （建元）六年，荧惑守舆鬼。占曰：为火变，有丧。是岁高园有火灾，窦太后崩。

后世的史传事验，都依照《汉书·天文志》定下的模式记述。

对史传事验的兴趣，在《后汉书》中达到高潮。《后汉书·天文志》长达三卷，全部为史传事验，没有任何别的内容。自王莽居摄元年至汉献帝建安二十五年（公元6—220年），专言"其时星辰之变，表象之应，以显天戒，明王事焉"。步这种极端做法后尘的有《魏书·天象志》，亦专记史传事验而不及其他。此后《晋书·天文志》、《隋书·天文志》也都有相当篇幅专述史传事验。后世因之，成为传统做法（只有少数例外）。

"史传事验"在古代实际上是一个广泛深入人心的概念。除了上述那些专业文献之外，它在许多与星占学有关的历史记载中也经常可见。在中国历史上，只要是稍微著名一点的星占学预言，几乎都有着应验的记载。这样，问题就来了：难道天上星象真的能够兆示、星占学家真的能够预见人间未来之事？

站在现代科学的立场上来看，这一问题的答案当然只能是否定的。然而，在历史上许多著名的史传事验中，天象与历史事件，确实皆真有其事，对此站在现代科学的立场上能不能解释呢？当然能够解释，而且道理非常简单：

这里最关键之点在于，正如我们在前面几小节所看到的那样，由于可占的天象非常之多，对每一天象的解释和演绎又可以有不止一种，因此星占学预言可以非常之多。而在另一方面，历史事件同样也非常之多——因为在古人不成文的约定中，发生在某天象出现之前和之后三年内的历史事件，皆可以作为该天象的事应。[1] 这样，史传事验的编撰者只需在上述两方面从容排比、选择，就可以很容易地让他选中的天象与他合意的历史事件一一对应。

那么不应验的星占预言有没有？当然有，而且肯定多得是，但是只要将它们"滤掉"，不载入史册，后人自然就不得而知，自然也就不去注意这一层了。类似地，与星占预言不合的历史事件有没有？当然也有，而且肯定也多得是，但是只要将它们"滤掉"，不编入史传事验，读者见到的，自然都是神奇的应验了。

史传事验让读者看到天意可知，天命难违，天网恢恢，疏而不漏，但是它的编撰者自己，当然非常清楚实际上是怎么一回事。中国古代一直有"圣人以神道设教"的传统，这种传统的实质就是：掌握着权

---

[1] 迄今尚未在古代星占文献中发现这一约定的成文表述，但从大量史传事验的实例中不难看出这一约定。

力、信息或知识的人编出成套的谎话，设法让没有权力、信息或知识的人去相信，或者强迫他们去相信。星占学中的史传事验，就是神道设教传统中经典的范例之一。

顺便说一下，编撰史传事验的"智慧"，至今仍被许多靠欺骗公众吃饭的人所袭用。例如，我们经常可以看到，某些打着"人体特异功能"之类旗号的招摇撞骗之徒，在他们的书中登载着大量读者来信，这些来信异口同声颂扬某某功、某某法如何如何好；姑不论这些来信的真假，编撰者其实只要将表示失望、表示疑问、控诉上当受骗的来信一概"滤掉"，专挑颂扬的来信登载就成了。更大的手笔，则是长期向公众隐瞒重要的、对自己不利的事实，而只报道对自己有利的事实。

5

史传事验文献虽然不少，但尚未见有独立成书者。古人为仰窥天意而编撰的星占秘籍，则往往独立成书，且有完整流传至今者。本节先介绍其中最重要的一部——《开元占经》。

在近现代，出土古代典籍不是罕见之事，如殷墟甲骨、敦煌卷子、秦简日书、马王汉墓堆帛书、张家山汉简等皆是。古时没有现代意义上的考古发掘，但因偶然机缘而发现前代典籍之事，仍不时有之，较著名者如"孔壁尚书"、《竹书纪年》等。而中国星占学史上最重要、也最奇特的文献《开元占经》，正可侧身此列。

《开元占经》今本一百二十卷，由供职于唐代皇家天学机构的印度天学家瞿昙悉达编撰。瞿昙氏来自天竺，世居长安，华化已深，且几代人都曾在唐代皇家天学机构中担任要职。《开元占经》系瞿昙悉达在开元年间奉敕而作，成书的准确年代虽无记载，但不难推定至一个很小的范围之内。因书中载有印度历法《九执历》，而《九执历》由瞿昙悉达于开元六年译成（《新唐书·历志四下》）；书中又称"见行《麟德历》"，可知《开元占经》作于译《九执历》之后，终止行用《麟德历》

（开元十六年）之前，即公元 718 至 728 年之间。

《开元占经》撰成之后，仅在历代正史书目中出现过一次著录，见《新唐书·艺文志三》，称"《大唐开元占经》一百一十卷，瞿昙悉达集"。此后即无踪影，书亦不传于世。由于天文－星占之学在古代向来是皇家禁脔，星占学著作更是禁密之物，民间私藏要犯重罪，自然流传绝少。宋元以降，《开元占经》失传数百年，到了明代，连皇家的钦天监中也无藏本。

然而，万历四十五年（公元 1617 年），一个极其意外的机缘使得《开元占经》重见天日。这年有士人程明善，平时"好读乾象，又喜佞佛"，因为布施钱财为一尊古佛装金，不料在佛像腹中发现了一部古书——正是世上失传已久的《开元占经》！程明善与其兄程明哲欣喜异常，感叹这部"即我明巨公皆未之见，今南北灵台亦无藏本"的天学秘籍，竟得由自己在一个极为偶然的幸运中发现，实在是平日"藏书好道之报"。

程氏兄弟在《开元占经》序跋中所述此书发现经过，是现今所见交待此书来历的唯一记载，按理本不宜贸然轻信；但考察今本内容，看不出后人伪托的迹象（传抄中附入少数后来材料的情形是有的），所以后世学术界基本上都相信程氏兄弟自述的故事。

程氏兄弟之发现《开元占经》，在时间上也极其幸运。古代中国，历朝都有关于"私习天文"的厉禁，至明朝初年犹如是也："国初学天文有厉禁——习历者遣戍，造历者殊死"（《万历野获编》卷二十）。直到明朝中叶，对于"私习天文"的厉禁传统才开始改变，故有"孝宗（弘治）弛其禁"之说。此后不在钦天监任职的官员也开始敢于公开讲论天学了。程氏兄弟若是在一百五十年前发现古佛腹中的《开元占经》，那就不是一部令他们欣喜的秘籍，而是一件烫手的犯禁之物了。结局不外上交官府，或是秘而不宣——那样还要冒着私藏犯禁书籍的严重罪名。所幸到万历年间，民间讲论天文－星占之学已经不再有多大风险了。

程氏兄弟之发现《开元占经》既已在天学厉禁开放的年代，如此希世秘籍自不免被传抄流布。此书传世抄本颇多，例如今北京图书馆就藏有至少三种抄本，格式文句各有不同。较流行的刻本有清道光年间恒德堂巾箱本。《四库全书》亦将《开元占经》收入，馆臣的"提要"中也相信程氏兄弟所述的故事。目前大陆上最易得的《开元占经》本子就是《四库全书》影印本，是据中国台湾文渊阁《四库全书》本影印的一百二十卷本，有北京中国书店的单行本和上海古籍出版社的《四库术数类丛书》本。此外亦有不止一种的排印选本，标点错误及误植之类不时可见，若要作研究之用，还是影印本可靠。

《开元占经》"重现江湖"之后，大受珍视，这自然有其内在的原因。可以毫不夸张地说，无论是中国文化史的研究者，还是中国科学史、中国哲学史、或是中印文化交流史的研究者，以及从事唐代以前古籍整理校勘工作的学者，都会从《开元占经》中大大获益。此书的学术价值，略而言之，至少有如下数端：

（一）集唐以前各家星占学说之大成，成为中国古代星占学最重要、最完备之资料库。星占学在中国古代既为皇家禁脔，禁止民间染指，这方面的典籍自然传世不多。除了在若干种正史的《天文志》中可以找到一些星占学文献，完整的星占学著作屈指可数：北周庾季才的《灵台秘苑》，如今只有北宋王安礼等重修的十五卷，无从判断北周旧观是何光景；唐李淳风的《乙巳占》十卷，算是较为完整之作；另有一些零散的星占学文献，或见于敦煌卷子之中，或有抄本保存于日本等处；而李约瑟不止一次提到的一两种明代星占书，并非古代中国传统星占学的主流之作。与这些文献相比，《开元占经》是一百二十卷的煌煌巨著，而且内容全面，结构完整，计有：

天体宗浑（相当于古代宇宙论）	一卷
论天	一卷
星占规则	一卷
历法（麟德历经）	一卷
算法（天竺九执历经）	一卷
古今历积年及章率（古代历法重要参数）	一卷

星图（恒星位置记述）	五卷
天占	一卷
地占	一卷
日占	六卷
月占	七卷
五星占	四十二卷
二十八宿占	四卷
石氏星占	四卷
甘氏、巫咸星占	二卷
流星占	五卷
杂星占	一卷
客星占	八卷
妖星占	三卷
彗星占	三卷
风雨雷霆虹霓云气等占	十二卷
草木宫室器物人兽占	十卷

中国古代星占学至此可称观止。唐代以前的著名星占学著作，如《黄帝占》、《海中占》、《荆州占》等等，都已失传，也全靠《开元占经》对它们的大量引用而得以保存其内容。

（二）保存了中国古老的恒星观测资料。《开元占经》中保存了现在所知中国最古老的三个星占学派——石氏、甘氏和巫咸氏——的星占学文献。石氏即石申（或作石申夫），甘氏即甘德，皆为战国时期著名星占学家。然而他们的著作俱已佚失，全靠《开元占经》保存了他们的恒星观测资料。在甘氏的资料中，有特别惊人之处，即对木星的一段记载：

> 单阏之岁，岁星在子，与虚、危晨出夕入。其状甚大，有光，若有小赤星附于其侧，是谓同盟。

经天文学史权威席泽宗院士的研究，表明这是 2300 多年前中国人已经用肉眼观测到木星卫星的明确记载——木星卫星通常被认为是在 17 世纪初才由伽利略首次用望远镜发现的。[1] 此外，甘、石和巫咸三氏的星占占辞，也赖《开元占经》才得以系统地保存下来。

（三）记载了中国公元 8 世纪之前所有已知历法的基本数据。自《史记》开创《天官书》、《历书》之例、《汉书》改为《天文志》和《律历志》并被后世遵为定例之后，各种历法的基本数据大都能得到记载；但是《开元占经》中还记载了先秦时期的同类资料，而且对秦汉以后历法数据的记载亦有可补正史记载不足之处。

（四）载入了《九执历》译文。《九执历》是古代印度历法的中译本。"九执"者，日、月、五大行星及罗喉、计都两"隐曜"（实际上是白道的升交点和月球轨道的远地点）。[2]《开元占经》中的《九执历》仅有日月运动及交蚀的计算方法，是否全璧，目前尚无法断定。但尽管如此，它已经是研究印度古代天文学和古代中印天文学交流的极其珍贵的史料了。由于印度天文学有着古希腊渊源，所以在《九执历》中也可以看到富有古希腊色彩的内容，如黄道坐标、几何方法以及正弦函数算法和正弦函数表之类。《九执历》已被译为英语，介绍到西方世界。

（五）是保存古代纬书内容的大渊薮。《开元占经》引用古代纬书约 82 种，被引之书今多失传，故弥足珍贵。昔明人孙瑴收集前代纬书为《古微书》，而《开元占经》中所引纬书多与之不同，盖一辑于明，一辑于唐也。瞿昙悉达所引之书，至孙瑴时多已不可见。

以上五端，仅大略言之。关于书中所保存的恒星观测资料如《石氏星表》等，则未必能坚信为先秦或秦汉时所测，因为最新的研究已

---

[1] 席泽宗："伽利略前二千年甘德对木卫的发现"，载《天体物理学报》，1 卷 2 期（1981）。

[2] 在先前国内的有关论著中，此两"隐曜"普遍被认为是白道的升交点和降交点，而这实际上是错误的。正确的含义是：罗喉为白道升交点，计都为白道远地点。参见钮卫星："罗喉、计都天文含义考源"，载《天文学报》，35 卷 3 期（1994）。又请参见本书第九章第 3 节。

经得出了令人震惊的结论。[1]

《开元占经》由华化的印度天学家撰成，且因是"奉敕"而作，得以充分利用开元盛世的皇家藏书，这些已经足以使它不同凡响。兼又曾失传数百年而重见天日，更增传奇色彩。

6

在古代中国的星占学著作中，重要性仅次于《开元占经》的经典著作，自然要推唐代李淳风的《乙巳占》。

《乙巳占》之命名，据说取义于"上元乙巳之岁，十一月甲子朔，冬至夜半，日月如合璧，五星如连珠，故以为名"。[2]在归于李淳风名下的传世星占学著作中，此书可能是最可靠的一部。若论在中国星占学史上的名声和地位，李淳风应在瞿昙悉达之上。《乙巳占》的流传也代有可考，在《新唐书·艺文志》、《直斋书录解题》、《文献通考》、《玉海》等书中皆有著录。

今本《乙巳占》全书十卷，各卷主要内容如下：

卷一：

天文数据及天文仪器概述

"天雨血"、"天雨肉"等象之占（多为实际不可能发生者）

日蚀、日旁云气等日象之占

卷二：

月蚀、月晕之占

---

[1]　本书后面将有专节论述。

[2]　"上元"是古人为历法确定的理想起算点，借用现代术语来表述，此时日月五星皆在同一黄经位置。上元之岁到历法修成之年，中间相隔的年数称为该历法的"上元积年"。由于寻找这样的理想起算点并非易事，再加以神秘主义思想的影响，上元常被推到非常遥远的古代，如唐代《大衍历》的上元积年达到9000万余年，而金代《重修大明历》的上元积年竟达到38000万余年。

月干犯（在视方向上接近、重叠）二十八宿、中外星官之占

卷三：

分野理论

占例

纪年、纪月、纪日之占

修德

辩惑（缺）

史司（星占学家之职业道德）

卷四：

关于五大行星的理论、数据

关于五大行星的星占理论

五大行星干犯中外星官之占

岁星（木星）占

卷五：

荧惑（火星）占

填星（土星）占

卷六：

太白（金星）占

辰星（水星）占

卷七：

流星干犯日月五星之占

流星入列宿之占

客星干犯中外星官之占

卷八：

彗星占

杂星、妖星占

气候占

云占

卷九：

　　望气术

卷十：

　　风角术

　　《乙巳占》前八卷的内容，就总的格局而言，与《开元占经》大同小异。也多引前人星占学著作，所引书目也颇多重合，只是《乙巳占》较简略，且稍多出自李淳风己意之处。李淳风活动的年代仅比瞿昙悉达早数十年，但两人都曾担任唐代皇家天学机构的首脑，应该可以参阅同一批皇家星占学秘籍，出现上述现象自在情理之中。所不同者，主要在第九卷之望气、第十卷之风角。此两卷的内容《开元占经》虽然也有涉及，但篇幅甚小。

　　第九卷专言望气之术。此术在古代主要由兵家所讲，主旨在观察"气"以预卜战事之胜负、王者之兴起之类。这里的"气"究竟为何物，非常玄虚而不可捉摸。从现代科学的角度来看，其中有些可能是大气光象，但大部分是难以确认的。然而，这种玄虚而不可捉摸之"气"，却也未必全是凿空之谈，从今天常用的"气氛"、"氛围"等词汇中，仍可看到古代望气之术的流风余韵。[1]《乙巳占》第九卷所言望气之术有如下 14 种名目：

　　帝王气象　将军气象　军胜气象　军败气象　城胜气象　屠城气象　伏兵气象　暴兵气象　战阵气象　图谋气象　吉凶气象　九土异气象　云气入列宿　云气入中外星官

星占学家是要为帝王做参谋和顾问的，而"国之大事，在祀与戎"，帝王的"主营业务"就是政治和军事；因而望气之术也就成为星占学家的必修课了。

---

[1]　比如我们今天常有"会场上气氛十分紧张"之类的说法，此"气氛"虽然也是不可见、不可捉摸的，却分明可以感受。推而论之，或为古时望气术之遗意欤？

《乙巳占》第十卷专论风角术，尤为详备。120卷的《开元占经》只用了一卷谈风角，《乙巳占》却用了约全书五分之一的篇幅来谈风角（《乙巳占》前九卷每卷约万余字，第十卷却有近三万字）。共有如下42种名目：

候风法　占风远近法　推风声五音法　五音所主占　五音风占　论五音六属　五音受正朔日占　五音相动风占

五音鸣条己上卒起宫宅中占　推岁月日时干德刑杀法　论六情法　阴阳六情五音立成　六情风鸟所起加时占　八方暴风占　行道宫宅中占　十二辰风占　诸解兵风占　诸陷城风　占入兵营风　五音客主法　四方夷狄侵郡国风占

占官迁免罪法　候诏书　候赦赎书　候大赦风　候大兵将起　候大兵且解散　候大灾　候诸公贵客　候大兵攻城并胜负　候贼占　候丧疾　候四夷入中国　杂占王侯公卿二千石出入　占风图　占八风知主客胜负法　占风出军法

占旋风法　三刑法　相刑法　五墓法　德神法

观以上名目，简直就是一部完整的"风角教程"。事实上这可能正是李淳风的本意，他在《乙巳占》卷十自述云：

余昔敦慕斯道，历览寻究。自翼奉已后，风角之书将近百卷，或详或略，真伪参差，文辞诡浅，法术乖舛，辄削除烦芜，剪弃游谈，集而录之。……庶使文省事周，词约理赡。后之同好，想或观之。

看来在风角方面，李淳风很下过一番功夫。

风角是中国古代流行的占卜术之一，主要根据四方四隅之风以占吉凶。风角术在理论上有颇为独立的形式，它有一套特殊的术语和表达方式，主要是依据五行八卦，再加以排比与附会来立说。但最基本的信念与原理仍然是星占学的。这里仅稍举几例较为简明的占辞：

> 行道见会风回风从南方来，必有酒食。
>
> 回风入门至堂边，为长子作盗。
>
> 回风入井，妇人作奸，欲共他人杀夫。
>
> 诸宫日，大风从角上来，大寒迅急。此大兵围城，至日中发屋折木者，城必陷败，不出九日。

在今日视之，多为荒诞不经之说。

《开元占经》和《乙巳占》以下，较为完整的星占学著作应数**《灵台秘苑》**。说起这部北周时期编成的星占学著作，其"资历"应在上述两部唐代著作之上。《隋书·经籍志》子部著录称："《灵台秘苑》一百一十五卷，太史令庾季才撰。"不幸的是，此书原本已不可见，现今传世的是北宋王安礼（王安石之弟）等人重修的版本。这应该是一种删节提要本，总共只有十五卷。此书第一卷中载有星图多幅，但其书既经宋代重修，这些星图是出于北周抑或北宋已不得而知。

最后我们必须注意到：还有另外两种与星占学关系极为密切的重要文献，也出于李淳风之手。它们是：

《晋书·天文志》

《隋书·天文志》

这就引出另外一个重要话题，即官修史书中的星占学文献。

7

中国历代官修正史中，多有志书，有三种志书与天学有关，且常居于诸志之首，我称之谓**"天学三志"**[1]。三志各有分工如下：

---

[1]　关于"天学三志"在历代官史志书中的首要地位，及其内在原因，请参阅拙著《天学真原》，第三章。

《天文志》：专载恒星观测资料、天象记录、"史传事验"、天文仪器、宇宙理论、重要天学活动等内容。

《律历志》："历"的部分专记历法沿革、重要历法的术文、围绕历法所出现的争论、机构的沿革，等等。"律"的部分记述音律的理论和数据，实际上与天学没有直接关系。

《五行志》：专记各种"祥瑞"和"灾异"——即不常见的自然现象，其中有些是出于古人的想象或传说。

天学三志发端于《史记》。《史记》八书中有《天官书》、《律书》、《历书》。《汉书》以《天文志》与《天官书》对应，将《律书》、《历书》合并为《律历志》（后世各史分合不定），又增加《五行志》，后世各史都遵循这一模式，只有少数例外。

兹将各史中的"天学三志"列出一览表[1]如下：

《史记》：	天官书	历书	
《汉书》：	天文志	律历志	五行志
《后汉书》：	天文志	律历志	五行志
《晋书》：	天文志	律历志	五行志
《宋书》：	天文志	历志	五行志	符瑞志
《南齐书》：	天文志		五行志	祥瑞志
《魏书》：	天象志	律历志		灵征志
《隋书》：	天文志	律历志	五行志
《旧唐书》：	天文志	历志	五行志
《新唐书》：	天文志	历志	五行志
《旧五代史》：	天文志	历志	五行志
《新五代史》：	司天考		
《宋史》：	天文志	律历志	五行志

---

[1] 此处仅列出该史修成时即已有之"天学三志"。有些官史修成时原无志，亦有后人为之补作，但这些补作之志通常不被视为二十四史的组成部分。

《辽史》：		历象志	
《金史》：	天文志	历志	五行志
《元史》：	天文志	历志	五行志
《明史》：	天文志	历志	五行志
《清史稿》：	天文志	时宪志	灾异志

由上表可以看出"天学三志"在各史中的名称异同，以及少数例外（有三史增设了专讲符瑞之志）。

这里需要特别提请注意的是，各史中的"天学三志"实际上往往是典型的星占学文献。这也是它们需要由李淳风这样的星占大家来撰写的原因。《天文志》和《五行志》作为星占学文献是容易理解的，但是事实上，《律历志》中的历法，绝大部分内容也是为星占学服务的。[1]

我们前面已经多次谈到，星占学在古代中国是皇家禁秘之学，"私习天文"是有大罪的，然而官修史书却是要公布于天下的，一般士人皆可公开阅读，那么他们研读其中的"天学三志"算不算私习天文？迄今找不到对此事的明文规定，但是根据下面两则故事推测，似乎是在算与不算之间。

程封《升庵遗事》记明代杨慎事云：

> 武庙阅《文献通考·天文》，星名有"注张"，……顾问钦天监，亦不知为何星。内使下问翰林院，同馆相视愕然。慎曰："注张，柳星也"。……因取《史记》、《汉书》二条示内使以复。同馆戏曰："子言诚辩且博矣，不涉于私习天文之禁乎？

明武宗读《文献通考》（可见也不是只顾在豹房和"家里"荒淫玩乐），读到有星名"注张"，不知是哪颗星，问钦天监，竟无人能答；问翰林

---

[1]　关于这一点的论证，参见《天学真原》，第四章。

院，众人也都"愕然"。此时杨慎答云"注张"即柳星，并取《史记》、《汉书》两条为证。钦天监不能答，实属失职，而翰林院诸同事之"愕然"和"子言诚辩且博矣，不涉于私习天文之禁乎"之问，则使人猜想他们即使知道也可能不敢回答，怕招惹"私习天文"的嫌疑。但杨慎只引《史记》、《汉书》为证，问题其实不大。这从下面的故事中可以看得更清楚。

明初承历代旧例，除钦天监官员以及少数特殊人物外，其他官员与军民人等若"私习天文"，皆有重罪。《万历野获编》中经常被人们引用的一段话"国初学天文有厉禁，习历者遣戍，造历者殊死"，所言正是当时情形。但到明代中叶以后，禁令渐渐放松。至万历年间，公然犯禁者纷纷出现。万历十二年（公元 1584 年），兵部职方郎范守己竟自造浑仪一架——按照前代的禁令，私藏天学仪器就可以有死罪，更不用说私自建造了。[1] 范守己的浑仪引起轰动，观者如堵，他乃作《天官举正》一书，在序中他为自己的犯禁之举辩护云：

> 或谓国家有私习明禁，在位诸君子不得而轻捍文王文网也。守己曰：是为负贩幺么子云然尔。……且子长、晋、元诸史列在学官，言星野者章章在人耳目间也，博士于是焉教，弟子员于是焉学，二百年于兹矣，法吏恶得而禁之？

这里范守己提出，《史记》等历代官修正史中的星占学篇章，是读书人可以合法阅读的，读之不算犯禁。不过，因为当时禁令已经放松，他才敢这样说。要是在明初，说这样的话即使不获罪，至少也是大大地自找麻烦。

---

[1]　参见江晓原：《天学真原》，第 62—65 页。

第六章　天象与天学秘籍（下）

《石氏星经》与《甘石星经》/ 敦煌卷子伯卷 2512 与斯卷 3326/
《二十八宿次位经》/ 陈卓·星图三家三色事 /《玄象诗》及《步天歌》
与有关作品 / 马王堆帛书《五星占》及《天文气象杂占》《玉历通政经》
与《乾坤变异录》/ 两种《星经》/《云气占候篇》与《天文占验》

除了《开元占经》、《乙巳占》和《灵台秘苑》及官修史书中的
"天学三志"以外，其余的传世星占学著作，或残缺不完，或年代不
明，或流落海外。兹择其要者，略述如下：

1

先来讨论名声很大的《石氏星经》和《甘石星经》问题。

所谓《甘石星经》，顾名思义，当然被认为是甘德、石申（夫）的
作品。甘、石齐名，汉人常并称之，如《史记·天官书》云：

> 故甘、石历五星法，惟独荧惑有反逆行。

此处"历"犹"步"也，推算也。又《汉书·天文志》亦云：

> 古历五星之推，亡逆行者，至甘氏、石氏《经》，以荧惑、太
> 白为有逆行。

中国古历何时能够描述行星的逆行，是中国行星天文学史上一个重要

问题，但我们这里还是省却枝蔓，专谈甘、石要紧。汉代人虽常将甘、石并称，现代学者更是常将甘、石并称为战国时人，其实甘德的年代很可能要比石氏晚，因为在《史记·张耳陈余列传》中记载着甘公劝张耳弃楚投汉之事，此甘公被认为就是甘德。如果这样的话，甘德就活到楚汉相争之时，已在战国之后了。

非常奇怪的是，汉代以后的古籍虽常称引甘、石著作，但在《汉书·艺文志》数术略下，天文类、历谱类中却未著录任何甘、石著作；仅杂占类有"《甘德长柳梦占》二十卷"。然而东汉以降，对甘、石著作的记载渐渐多见：

许慎《说文解字》中出现了《甘氏星经》之名；

《后汉书·律历志》中有《石氏星经》之称；

梁阮孝绪《七录》中云甘公作《天文星占》八卷、石申作《天文》八卷；

《隋书·经籍志》称"梁有石氏、甘氏《天文占》各八卷"，又著录石氏《浑天图》、《石氏星经簿赞》、《石氏四七法》等；《旧唐书·经籍志》中亦加著录；

南宋晁公武《郡斋读书志》著录了"《甘石星经》一卷"；

……

相传既久，在明人丛书中就有归于甘、石名下的《星经》，但是现代学者们普遍认为是后人伪托之作（详下文）。

然而，现代天文学史专家们在将明人丛书中的甘、石《星经》归于伪作的同时，却又普遍相信甘、石的著作确实流传至今——至少是有一部分流传至今。这就是唐代瞿昙悉达所编《开元占经》中的甘氏、石氏和巫咸三家的星占占辞及星表。《开元占经》中所引用的石氏占辞被许多现代学者视为《石氏星经》的真正遗文——事实上他们通常就将这部分占辞直接称为《石氏星经》。

《石氏星经》之所以受到现代学者特别的重视（远远超出甘氏和巫咸二氏），是因为其中除了有二十八宿及中官与外官诸星的记载和占辞（同类的内容甘氏和巫咸二氏也有），还有120个星官之距星的"入宿度"、"去极度"和"黄道内外度"。正是后面这部分内容，构成了一份真正意义上的恒星位置表——通常被称为"石氏星表"。

中国古代天学家所用的天球坐标系统，当然与现代天文学的不同。关于"入宿度"、"去极度"和"黄道内外度"的具体含义，详见下一章，这里只需明白前两项数值可以从数学上直接换算为现代天文学的"赤经"和"赤纬"即可。

从理论上说，利用现代天体力学的方法，只要知道了一份古代星表中诸星的赤经和赤纬数据，就能根据岁差理论推算出这些数据观测的年代。既然如此，推算《石氏星经》究竟是什么年代的观测结果，就成为吸引不少天文学史专家的题目，日本学者好像尤其热衷于此。如新城新藏、上田穰、薮内清，以及在德国的前山保胜，都对此作过专题研究。[1] 中国学者的研究工作，到目前为止最为全面的或许当推潘鼐，他在《中国恒星观测史》中的结论是：

（石氏星表中）第一群星的平均年份为公元前 440 年：……第二群星的平均年份为公元 160 年：……因此，似乎可以作出这样的判断：《石氏星经》恒星表的观测原本作于公元前五世纪近中叶的战国初期，部分佚失后，补充于公元二世纪下半叶约东汉桓灵之世前后。[2]

潘鼐的结论，属于长期被许多同行所接受的主流观点。

然而，最近胡维佳异调独弹，提出了与以往主流观点迥异的看法。**他认为现存的《石氏星表》实际上只是隋唐之际的天文学成就。**

胡氏起先是用传统的文献考据之法，指出将现存的《石氏星表》视为战国时期或汉代的作品，文献学上的证据并不充分。但是以往的主流观点，是建立在利用岁差之类的数理天文学方法推算古代数据的

---

[1] 对这些专题研究的较为详细的综述，见潘鼐：《中国恒星观测史》，学林出版社，1989 年版，第 51—55 页。

[2] 潘鼐：《中国恒星观测史》，第 64 页。

基础之上的，"科学"色彩非常浓厚，如果没有对应的推算结果来证明《石氏星表》的数据确实来自隋唐之际，也就很难使异调独弹的结论真正确立。因为在许多人心目中，数理天文学计算结果的"硬度"是大大超过文献考证的。胡氏暂时无法提供这样的推算结果，但是他的办法却很绝：他将前贤推算《石氏星表》的方法移用于已知确切年代的宋代星表，结果发现推算的年代与已知年代相差达数百年之久！这样，他实际上就用反证法证明了：前贤在处理这一课题时相沿所用的现代天文学方法，其实不一定适用于这一课题。既然如此，他们所得的结论也就靠不住了。胡氏的结论是：

> "石氏"星官的组织规模是逐步发展的，至陈卓为三家星"定纪"，方达到了其后沿用数百年不变的规模；我们今天判断星官分属石氏、甘氏或巫咸氏的依据正是陈卓的"三家星"体系。"石氏"星表的形成应在"石氏"星官的确立之后。
>
> 我们今天所见到的最早的二十八宿星表及"石氏"星表，是出于唐代文献的；排比唐代文献中的二十八宿星表并参照相关的记载可以推断，其二十八宿去极度数值的改变是由新的观测引起的，而不是由流传造成的。
>
> 夹注于《开元占经》中的二十八宿的黄道内外度和"石氏"星官的入宿度、去极度及黄道内外度，是在唐初文献所载的二十八宿去极度之后出现并被加入的，没有理由认为它们的观测年代会更早，而应当把它们作为唐代早期天文学上的一项重要成就。
>
> 对流行的用岁差逆推星表观测年代方法的检验表明，其方法是不可信的；对逆推的基础——唐代文献所载星表——的考查也表明，这类方法的应用是不必要的。

在这个问题上，"科学"色彩非常浓厚的结论既然靠不住，我们岂不是还只能回到传统的文献考据之法那里去？然而胡氏的论证还有更为重大的启发意义：如果他的论证能够成立，这就对科学史研究中一种普遍被接受的观念——认为越是使用了"科学的"（实际上是数理的）方法，其结论就越可靠——造成了一次有力的冲击。他实际上提醒广大的科学史研究者：由于古代文献本身的制约，一些本身正确无疑的现代数理方法，用之于某些古代文献的处理上是无效的，或是可疑的。

当然，依我的看法，即使现今所见之《石氏星经》是隋唐时代的观测成果，但战国时代曾有过甘、石其人，他们曾留下过星表，仍是可以相信之事。

当我写这一章时，胡氏陈述上述结论的论文正在印刷过程中。[1]

2

在敦煌卷子中，有不少星占学史料。其中最重要者当推伯卷2512和斯卷3326，本节先略述之，下面几节再讨论有关的问题。

伯卷2512。此卷卷首残缺，抄写也缺乏章法，有时不同的作品接连抄写，有时同一作品中却分行分段，标题眉目也不全。但保存下来的内容多达约八千五百字，在敦煌卷子星占学史料中，这或许可算最重要的一种。内容分为五部分：

1. 星占的残余部分。因卷首残缺，故第一部分仅余外官占、巫咸占、占五星色变动、占列宿变、五星顺逆、分野、十二次、九州等。

2. 二十八宿次位经。列出二十八宿各宿之宿名、星数、距度，以及每宿之距星、各距星之去极度，还有各宿所属分野。

3. 石氏、甘氏、巫咸氏三家星经。

4. 著名的《玄象诗》。

5. 一段星占杂论及关于日月旁云气之简单图说，不像完整作品。

此卷中第二、三、四部分涉及比较重要的问题，将于下文讨论。

---

[1] 胡维佳："唐籍所载二十八宿星度及'石氏'星表研究"，载《自然科学史研究》，17卷2期（1998）。

　　斯卷 3326。为一长卷写本，卷首部分也已残缺。卷子前半部分尚存云气图 25 幅——按图末原作者所记，应有云气图 48 幅；图下为占文。

　　此卷特别受到科学史研究者注意的是其后半部分，共有星图 13 幅，其中前 12 幅系依据十二次（这是中国古代对天区的传统划分法之一），画出各次天区之星图，最后一幅为"紫微垣"星图，并附一引弓矢之神像，旁题曰"电神"——看不出与诸星图有什么内在联系。

　　斯卷 3326 星图与古代中国主流星占学体系的关系是密切而明显的：图中十二次的起讫度数与《晋书·天文志上》所录陈卓——关于此人我们后面还会谈到——的度数完全一致；而各次星图下的说明文字则取自《开元占经》卷六十四"分野略例"。这些说明文字已由席泽宗院士在 1966 年发表的研究工作中对其抄写讹误作了校刊。[1]

　　关于这份星图系依据何种原理而绘成，也有一点公案。李约瑟在他的著作中多次断言，此星图（以及后来苏颂《新仪象法要》中的星图）是用"麦卡脱式正圆柱投影"（cylindrical orthomophic 'Mercator' projection）绘成。这一说法和李约瑟的许多其他说法一样，问世之后就被国内学者反复援引沿用——尽管李约瑟并未提供证明。然而近年国内新的研究成果通过计算表明：这些星图不可能是用麦卡脱投影法绘成的。[2]

　　关于伯卷 2512 和斯卷 3326 的价值，前贤都评价很高，这自然不错，但是有一点，似未见有论者特别提出，即此类卷子**在今日固然是珍品，但在当日却未必是精品**——因为敦煌卷子的保存有很大的偶然性。所以此两卷并不能视为当时天学水准的最高体现。

3

　　伯卷 2512 中的《二十八宿次位经》是一份完整的作品。它看来也

---

[1] 席泽宗："敦煌星图"，《文物》，第 3 期（1966）。

[2] 胡维佳：《新仪象法要》中的'擒纵机构'和星图制法辨正，载《自然科学史研究》，13 卷 3 期（1994）。

是严格继承着传统数据的：各宿的赤道距度（各宿在赤道上所跨越的度数）数值与《淮南子·天文训》及《汉书·律历志》相同。先前已有一些学者对此作过研究。潘鼐在《中国恒星观测史》中的结论是：

> "二十八宿次位经"作为天文资料，……其观测时期可分为公元前450年及公元200年两组。……二十八宿次位经本身便是《石氏星经》的组成部分。[1]

但是新出的研究成果却不支持上述结论。因为此问题是与《石氏星经》问题密切联系在一起的，胡维佳既已论证《石氏星经》为晚出，当然也不会认为《二十八宿次位经》能早至战国秦汉，胡氏的论断是：

> 《开元占经》所载二十八宿星度是先天二年（713年；即开元元年）或其后不久的观测结果，而今存最早的二十八宿去极度表《次位经》应是唐初或稍前观测的。[2]

这一论断自然与他对《石氏星经》的论断同进退。

这里还有两种编撰年代介于《二十八宿次位经》和《开元占经》之间的作品，即麟德元年（公元664年）李凤所撰的《天文要录》和麟德三年（公元666年）萨守真所撰的《天地瑞祥志》，需要一提。此两作品皆只在日本保留下了残缺的抄本。席泽宗院士曾对这两份残抄本作过研究，他的结论是：《二十八宿次位经》通过此两作品过渡到《开元占经》（中的三家星经）。[3] 这一结论也为胡维佳所赞成。

---

[1]　潘鼐：《中国恒星观测史》，第97—98页。

[2]　胡维佳："《新仪象法要》中的'擒纵机构'和星图制法辨正"，载《自然科学史研究》，13卷3期（1994）。

[3]　席泽宗：敦煌卷子中的天文学，第4届中国科学史国际研讨会报告，悉尼，1986。

4

对于伯卷 2512 中的"石氏、甘氏、巫咸氏三家星经"这部分内容，潘鼐在他的著作中费过不少篇幅。他主要是仔细统计和比勘了三家的星座和星数，最后论定为星官 283 座，星数 1464（或 1465，因对"神宫"一星的处理而异）。[1]

其实三家星的问题，也是中国天文学史上不可忽略的重要问题之一。应该在此作一简要交代。

中国古代的天文星占之学，曾分为不同门派，各有承传。从现在所掌握的材料看，当初石氏、甘氏和巫咸氏三家，各有自己的星经和星图，所占之星也不相同。但是他们的原始资料并未能直接传下来。《开元占经》中保存了三家的星占资料，如前所述，星表可能出于后来所测，但甘、石作为星占学家，历史上确有其人，应属无疑；巫咸的问题就比较玄一点。[2] 潘鼐甚至认为，所谓巫咸之星，其实就是陈卓自己所补入的，不过托名巫咸而已。其说也颇能成理。[3]

三家星经、星图承传史上的关键人物是陈卓。陈卓生卒年已不可考，正史中亦无传记。但从《晋书·天文志》及《隋书·天文志》中可知，他原是东吴的太史令，西晋灭吴后，他与许多原东吴上层人物一样，出仕西晋朝廷，在晋武帝时任晋朝的太史令。这一事实足以说明他在当时天学界的重要地位——西晋朝廷在灭吴之前已经接收了曹魏和蜀汉的两套天学家班子，陈卓如果艺业平庸，恐怕就轮不到他来当新朝的太史令。及至永嘉南渡，陈卓看来也旧地重游了——公元 317 年西晋灭亡，晋元帝即位于建康，建立东晋王朝，陈卓以太史令的身份参与了登

[1]　潘鼐：《中国恒星观测史》，第 99—110 页。

[2]　关于石氏、甘氏和巫咸其人时代的考证，参见《天学真原》，第 77—89 页。石申（又作石申夫）为战国时人，甘德为战国末至秦汉之际时人，巫咸原是殷帝太戊时之著名巫觋，而后成为上古巫觋·星占学家之化身或代表，恰如后世言医术则曰黄帝歧伯，称名医则曰扁鹊、华佗也，故有一派星占之学附于其名下。

[3]　潘鼐：《中国恒星观测史》，第 115—117 页。

基大典吉日的选择。此后在史籍中就见不到陈卓活动的踪迹了。

陈卓在东吴太史令任上完成的一件大事，是将三家之星整理汇总。《隋书·天文志》记此事云：

> 三国时，吴太史令陈卓，始立甘、石、巫咸三家星官，著于图录，并注占赞，总二百五十四官，一千二百八十三星；并二十八宿辅官附坐一百八十二星，总二百八十三官，一千四百六十五星。

自陈卓汇总三家之星后，就出现了如何在汇总的星图中区分各家之星的问题。古人想到的办法，是在星图中用三种不同的颜色来标识三家之星。此法原很自然，但因后世约定不同，也引出一段"星三色事"的小小公案。刘宋时太史令钱乐之铸铜浑天仪，首开此法。《隋书·天文志》记此事云：

> 宋元嘉中，太史令钱乐之所铸浑天铜仪，以朱、黑、白三色，用殊三家，而合陈卓之数。……（隋文帝）乃命庾季才等参校周、齐、梁、陈及祖暅、孙僧化官私旧图，刊其大小，正彼疏密，依准三家星位，以为盖图。

钱氏的铜制浑天仪，当然未能流传下来。庾季才所撰的《灵台秘苑》中倒是有星图多幅，但此书传世的版本是北宋王安礼等人重修的，其中的星图，究竟是北宋之物还是隋周之际的旧物，抑或是更早时代的遗物，已不得而知矣。

钱乐之以红、黑、白三色区别三家，用在铜制的仪器上当然可以，后来用在墙面、绢帛或纸上时，白色会与底色混淆，就要变通了。在北燕冯素弗墓中，石椁内顶星图（只是星象图——并不反映诸星的精确位置）用了红、黄、绿三色；唐章怀太子墓后室顶上的星象图用了金箔、银箔和黄色；而在伯卷 2512 中，明确记载着：

　　石氏中官六十四坐二百七十星赤，石氏外官三十坐凡
二百五十七星……赤；甘氏外官四十二坐二百三十星……黑，甘
氏中官七十六坐二百八十一星皆黑；巫咸中、外官四十四坐
一百三十四星黄。

在伯卷 3589 的《玄象诗》（不全）中，也用同样的方案标识三家星（石
氏、甘氏、巫咸氏星前分别书有"赤"、"黑"、"黄"字）。此两卷中虽
无星图，但可以从斯卷 3326 中看到不同星色的标识——甘氏之星用黑
色圆点，石氏与巫咸之星在黑圈中涂以红色。另一幅传世的敦煌卷子
星图，通常被称为"紫微垣星图"（敦煌博物馆藏品 58 号），也用了同
样的标识方法。

　　此外史籍中还有不同的标识记载，如北宋苏颂《新仪象法要》中
的星图、日本的《格子月进图》（约公元 1100 年，被认为是日本最古
老的星图）、南宋叶绍翁《四朝闻见录》甲集"词学"条记徐子仪考试
事，等等。兹将史料出处与三家星色给出一览表如下：

	石氏	甘氏	巫咸
《隋书·天文志》记钱乐之铜仪	黑	红	白
敦煌卷子伯卷 2512	红	黑	黄
敦煌卷子伯卷 3589	红	黑	黄
敦煌卷子斯卷 3326	红	黑	红
敦煌"紫微垣星图"	红	黑	红
宋苏颂《新仪象法要》卷中	红	黑	黄
日本《格子月进图》	红	黑	黄
南宋叶绍翁《四朝闻见录》甲集"词学"条	黑	红	黄

　　星分三色，只是早期星占学门派的历史遗迹。自陈卓汇总三家之

后，从实际应用的角度来看，已经没有多大意义，所以以后的星图逐渐取消了这种多此一举的区分，也就顺理成章了。

5

伯卷 2512 中的《玄象诗》，是以诗歌形式描述天空星象的通俗作品，虽名曰诗，实无文学价值可言。兹举其首尾若干句以见一斑：

> 角、亢、氐三宿，行位东西直，库楼在角南，平星库楼北，南门楼下安，骑官氐南植，摄角梗招摇，以次当杓直。……北斗不入咏，为是人皆识，正北有奎娄，正南当轸翼。以此记推步，众星安可匿？

伯卷 3589 中也抄有《玄象诗》，不全，且与伯卷 2512 中的编排有出入，但题有"太史令陈卓撰"字样，因此潘鼐认为应将《玄象诗》的作者定为陈卓。[1]但细玩这些如此通俗质朴的文句，似乎不像陈卓这种人物以及那个时代所应有——当然这仅仅是感觉而已。

与《玄象诗》相比，另一首同类作品《步天歌》要重要得多。

《步天歌》有文本传世。《新唐书·艺文志》三"天文类"称："王希明丹元子步天歌一卷"；此外郑樵《通志》、陈振孙《直斋书录解题》、晁公武《郡斋读书志》等书中也皆有著录。但对于王希明是隋代人还是唐代人，以及他和"丹元子"是否为同一人，历来有不同说法。据我所见，以今人陈尚君教授之考据最为可信，所见文本亦以陈氏点校者为最佳，[2]今采其说：王希明，唐人，开元年间曾任右拾遗内供奉，著有《太一金镜式经》十卷，"丹元子"应视为其号。

《步天歌》用七言歌行形式，描述陈卓所汇总的 283 座星官共 1464

---

[1]　潘鼐：《中国恒星观测史》，第 133 页。

[2]　俱见陈尚君辑校：《全唐诗补编》，中华书局，1992 年版，中册，第 805—811 页。

星。在文采上明显比《玄象诗》好些，姑举其北方七宿之"牛"为例：

> 六星近在河岸头。头上虽然有两角，腹下从来欠一脚。牛下九黑是天田，田下三三九坎连。牛上直建三河鼓，鼓上三星号织女。左旗右旗各九星，河鼓两畔右边明。更有四黄名天桴，河鼓直下如连珠，罗堰三乌牛东居。渐台四星似口形，辇道东足连五丁。辇道渐台在何许？欲得见时近织女。

《步天歌》最重要的意义在于，它是迄今所见最早确立"三垣二十八宿"天区划分法的文献。二十八宿早已有之——它的起源是一个非常令人困惑但又是非常迷人的问题，我们下文还会谈到。三垣者，太微垣、紫微垣、天市垣也。其雏形在《史记·天官书》中已经初具，其名称在《玄象诗》中也已经出现，但到了《步天歌》中才算真正确立，此后就一直被沿用下来，长达 1200 年左右。明末耶稣会传教士输入西方天文学，清代以欧洲天文学作为官方天文学的理论基础，也只是建立中西星名对照而已。直到 20 世纪中国全盘采用西方的现代天文学，三垣二十八宿的传统天区划分才被放弃。

在《玄象诗》和《步天歌》前后，还有一些铺陈描述星象的作品。相传东汉张衡曾作《天象赋》，但已佚失。北魏太武帝时太史令张渊作《观象赋》，隋唐之际李播（李淳风之父）作《天文大象赋》，初唐四杰中的杨炯有《浑天赋》，宋朝吴淑作《星赋》，元代汪克宽有《紫微垣赋》，到清代吴锡祺还有《星象赋》。这些作品，除了《天文大象赋》较为专业化之外，都只能视为文人舞文弄墨之作，至多只能算二三流的文学作品，不应与专业性质的《玄象诗》和《步天歌》等量齐观。这从郑樵在《通志·天文略》中对《步天歌》的赞叹就可略窥一二：

> 臣向尝尽求其书，不得其象；又尽求其图，不得其信。一日得《步天歌》而诵之，时素秋无月，清天如水，长诵一句，凝目一星，不三数夜一天星斗尽在胸中矣！此本只传灵台，不传人间，

术家秘之，名曰"鬼料窍"。

换句话说，《玄象诗》和《步天歌》属于"天学秘籍"之列，而那些赋则不在此列。

6

马王堆帛书中也有重要的天学秘籍。

马王堆帛书《五星占》。它被认为是目前所知年代确切可考的中国星占文献中最古老的。其中载有金星、木星、土星三颗行星 70 年间的视位置表，年代是秦始皇元年（公元前 246 年）至汉文帝三年（公元前 177 年）。从其内容中包括对五星的总论和各论，但视位置表却仅有三星这一点来看，此件很可能尚非完璧。

总论及五星各论的内容，纯为星占学理论。如《五星总论》（这些标题皆为现代整理者所加）章有云：

> 太白始出以其国，日观其色，色美者胜。当其国日，独不见，其兵弱；三有此，其国可击，必得其将。

又如《火星》章云：

> 其与心星遇，则缟素麻衣，在其南、在其北，皆为死亡。
> 赤芒，南方之国利之；白芒，西方之国利之；黑芒，北方之国利之；青芒，东方之国利之；黄芒，中国利之。

其他各星皆类此。

然而透过这些星占学内容，我们却可以从《五星占》中看出那时的天文学水准。据席泽宗院士的研究，帛书中土、木、金三星的位置表，是根据秦始皇元年的实际观测记录，再利用秦汉之际已知的行星周期排算出来的。[1] 帛书中给出三颗行星的会合周期 [2] 是：

金星：584.40 日；木星：395.44 日；土星：377 日。

这里不妨将《五星占》、古代巴比伦人及现代天文学所用的行星会合周期值作一比较，见下表，单位已换算为年：

	《五星占》之值	古代巴比伦人之值	现代天文学所用之值
金星	1.600	1.599	1.599
木星	1.083	1.092	1.092
土星	1.032	1.035	1.035

《五星占》所用之值已经与现代天文学的数值相差无几。

马王堆帛书《天文气象杂占》。这是马王堆帛书中的另一件，也是典型的早期星占学作品。共有占书 350 余条，每条上面是用红或黑或红黑二色绘制之图，下面是名称、解释及占辞。也略举几条占辞以见一斑：

> 赤云如此，丽月，有兵。
>
> 是是帚彗，有内兵，年大熟。
>
> 月食星，有亡邦。星出，复立；不出，果亡。

此件中的 29 幅彗星图形，因为学者们大举考证而名噪中外，常被单独称为《彗星图》。其实此件纯为占望云气、天象之作，其主观上绝无任何现代意义上的科学动机。

《天文气象杂占》中的云气之占，是一个长期传统中的早期作品，值得加以注意。先举其第一列之前五项为例：

---

[1] 席泽宗："中国天文学史的一个重要发现——马王堆汉墓帛书中的《五星占》"，载《中国天文学史文集》第一集，科学出版社，1978 年版。

[2] 会合周期，指行星从同一方向两次经过同一"角距"位置的时间间隔。这里"角距"是指以地球为中心，地球和行星之间连线与地球和太阳之间连线的夹角（在黄道上的投影）。

文字	图形
楚云如日而白	日
赵云	牛
中山云	牛
燕云	大树
秦云	女子

要在云中看出牛、树和女子，当然需要想象力和附会，但这种将各国之云和各种图形对应起来的作法，却不是一位富于艺术家气质的作者一时的奇情异想，而是中国星占学中长期存在的一种传统。例如我们可以在《晋书·天文志》看到如下论述：

> 韩云如布，赵云如牛，楚云如日，宋云如车，鲁云如马，卫云如犬，周云如车轮，秦云如行人，魏云如鼠，郑云如绛衣，越云如龙，蜀云如囷。

虽然其中未提到"中山云"与"燕云"，"秦云如行人"也与女子不全吻合，但在《太平御览》卷八引《兵书》中，就有"秦云如美人"的记载。

再如第一列第十五项，图形为鱼，其下文字为"大雨"。鱼与大雨有何关系？查《开元占经》卷四十九，其中有"'风雨气如鱼龙行，其色苍润"之语，即可悟得《天文气象杂占》此条占辞的意思是：出现鱼形之云，兆示将有大雨。

根据上述这类例子，《天文气象杂占》确实可以被视为后世星占学中许多传统说法的源头。

7

在本章最后两节中，我们还得回到有文本（书籍）传世的星占秘籍上来——不过它们的重要性不如上一章中所论各书那么大。

被归于李淳风名下的，除了前一章已讨论过的《乙巳占》之外，还有几种传世的星占学著作。

《玉历通政经》上、中、下三卷，抄本，题"唐国师李淳风编撰"。上卷论天、云、雨、气、虹、风、雷、雾、霜、雪、雹、霰、露、霞、地震、水旱、火灾等。中卷论日月五星、流星、妖星、黄道及分野。下卷论三垣（太微垣、紫微垣、天市垣）二十八宿诸星官及杂占。所论不出常见星占之说，而道德说教色彩颇浓，如上卷有云：

> 天变者，父怒也。父道尊而严，垂戒者事之常。父不戒其子，子必自恣。天象变，数有灾臻，人君不可不惧。地变者，母怒也。母道慈而爱，怒之鲜矣。地有所变，人君不可不谨俟其命。天变可塞，以其戒之常也；地变无救，以其怒之鲜也。

书末又有"后序"一篇，题"唐国师李淳风撰"，谈到星占学家之处世立身，也有些意思：

> 夫天道昭然，理无差忒。思测不至，占乃无验。苟能穷神知化，观象洞玄，占何所不验欤？立占之法，本非袭吉，特以塞咎，故世治国安，指象陈灾，为君所戒，以保邦于未危。世变国难，推象探章，察数未坠，以处身于无祸。乃安中问危，凶中占吉之谓也。

其说与李淳风在别处多次表达的观点十分吻合。就总体观之，此书近似于《乙巳占》的某种缩编本，谓系李淳风所撰，也不无可能。

《乾坤变异录》不分卷，抄本，题"唐司天李淳风"撰。内容亦不出常见的星占话头，简单而浅陋，很难想象撰写了《乙巳占》的李淳风会写这样一本书。此书当为后人伪托之作。

又有《改正观象玩占》一书，有时亦被归于李淳风名下。抄本十卷，要目如次：

卷一：天占　日占　月占

卷二：五星占

卷三：紫微垣　太微垣　天市垣

卷四：东方苍龙七宿

卷五：北方玄武七宿

卷六：西方白虎七宿

卷七：南方朱雀七宿

卷八：杂星变占　云气占

卷九：风角

卷十：天象杂占

全书结构与《乙巳占》有相当大的不同。创作年代也很难确定——因为中国古代的星占学文献（以及许许多多其他文献）有着极强的继承性，往往大量因袭前代成说，故从占辞上也很难看出随时代演变的迹象。据我自己个人的感觉，《改正观象玩占》的年代应该比《开元占经》和《乙巳占》晚很多，说出于李淳风之手，恐不可信。

8

还有几种传世的短篇作品，一般的天文学史著作中通常都绝口不提，也可略述于此：

《星经》。题"汉·甘公石申著，南昌李溶校"。分上下两卷，共述星官167座。每座先绘简单示意图，再简述星官位置，然后是其星占学意义及有关占法。举两例如下：

> 天一星，在紫微宫门外右星南，为天帝之神，主战斗，知吉凶。星明，吉；暗，凶。若离本位而乘斗，后九十日必兵大起也。光明，阴阳和也，万物盛，天子吉；星亡，天下乱，大凶也。

太一星，在天一南半度。天帝神，主使十六神，知风雨水旱
兵马饥馑疾病灾害之在其国也。星明，吉；暗，凶。离本位而乘
斗者，九十日必兵大起也。

此书有《丛书集成》本，但错讹颇多。题"汉·甘公石申著"，显然不
可信。书后有王谟跋，亦表示难以相信此为甘、石遗编，但认为可能
与甘、石有关。

《通占大象历星经》。原收入《道藏》洞真部众术类，亦有《丛书
集成》本，不题撰人。内容与上述《星经》大同小异，亦为167官，
仅各星官次序有所不同而已。一望而知两者同出一源，或有传抄承袭
的关系。

《云气占候篇》。题"韬庐子撰"，分上下两篇，有《丛书集成》
本。所言皆望气之说，且用韵文写成，例如：

王气所在，如千石仓，如城门楼，黄赤正方。
军上紫气，未易可当。紫气如虹，北斗征祥。紫如伞盖，贵
在下方。青气变紫，贵未可量。

其中当然也没有忘记将《晋书·天文志》中关于各国之云的论述用韵文
改写一回。

《天文占验》。作者佚名，题"嘉禾梅墟道人周履靖校梓"，有《丛
书集成》本。主要是一些民间流传的气象谚语，文辞鄙俚，内容在有
据无据之间，如"初一西风盗贼多，更兼大雪有灾魔。冬至天阴无日
色，来年人唱太平歌"（十一月占）之类。

按现代学科分类概念，气象为两个不同学科，但古人所言之"天
文"，实将今日气象包括在内，故附论于此。

第七章 古代中国人的宇宙

1

自抱芬芳心一片

浩浩江流

不送兰舟转

梦里几番参聚散

醒来又被时空限

十二重帘遮素面

碧海沉沉

尚比柔情浅

只望花荫重遇见

无人行处都行遍

物理学教授戈革先生上面这首《鹊踏枝》（步五代冯延巳原韵八首之一），置之古人词作中几可乱真，只是"醒来又被时空限"一句，展露出讲授电动力学和相对论时的功架。盖"时空"也者，出于现代人对西文 time-space 之对译，古代中国人从不这么说。

《尸子》（通常认为成书于汉代）上说：

> 四方上下曰宇，往古来今曰宙。

这是迄今在中国典籍中找到的与现代"时空"概念最好的对应。不过我们也不要因此就认为这位作者（相传是周代的尸佼）是什么"唯物主义哲学家"——因为他接下去就说了"日五色，至阳之精，象君德也，五色照耀，君乘土而王"之类的"唯心主义"色彩浓厚的话。

在今天，"宇宙"一词听起来十分通俗（在日常用法中往往只取空间、天地之意），其实倒是古人的措词；而"时空"一词听起来很有点"学术"味，其实倒是今人真正通俗直白的表达。语言中的现象有时就是这么有趣。

以往的不少论著在谈到中国古代宇宙学说时，常有"论天六家"之说，即盖天、浑天、宣夜、昕天、穹天、安天。其实此六家归结起来，也就是《晋书·天文志》中所说"古言天者有三家，一曰盖天，二曰宣夜，三曰浑天"三家而已。

在下面的讨论中，先论此三家古人心目中物理性质的（在这里我们当然只是借用现代词汇，意思是说近似于现代科学中客观性假设的、被视为在人的认识主体之外的）宇宙模式。但是在最后，我们还要讨论那种将人的存在及行动考虑进去的宇宙观——古人在这种情况下不用"宇宙"这一字眼，却与现代宇宙学思考产生了某种暗合。

2

既然宇是空间，宙是时间，那么空间有没有边界？时间有没有始末？无论从常识还是从逻辑角度来说，这都是一个很自然的问题。然而这问题却困惑过今人，也冤枉过古人。

困惑今人，是因为今人中的不少人一度过于偏信恩格斯的"圣人之言"。他们认为恩格斯已经断言宇宙是无限的，那宇宙就一定是无限的，就只能是无限的，就不可能不是无限的！然而"圣人之言"是远在现代宇宙学的科学观测证据出现之前作出的，与这些证据（比如红移、3K 背景辐射、氦丰度等）相比，"圣人之言"只是思辨的结果。而在思辨和科学证据之间应该如何选择，其实圣人自己早已言之矣。

今人既已自陷于困惑，乃进而冤枉古人。凡主张宇宙为有限者，概以"唯心主义"、"反动"斥之；而主张宇宙为无限者，必以"唯物主义"、"进步"誉之。将古人抽象的思辨之言，硬加工成壁垒分明的"斗争"神话。在"文革"及稍后一段时间，这种说法几成众口一词。直到今日，仍盘踞在不少人文学者的脑海之中。

首先接受现代宇宙学观测证据的，当然是天文学家。现代的"大爆炸宇宙模型"是建立在科学观测证据之上的。在这样的模型中，时间有起点，空间也有边界。如果一定要简单化地在"有限"和"无限"之间作选择，那就只能选择"有限"。

古人没有现代宇宙学的观测证据，当然只能出以思辨。《周髀算经》明确陈述宇宙是直径为 81 万里的双层圆形平面——后面马上就要证明不是先前普遍认为的所谓"双重球冠"形。[1]汉代张衡作《灵宪》，其中所述的天地为直径"二亿三万二千三百里"的球体，接下去的看法是：

> 过此而往者，未之或知也。未之或知者，宇宙之谓也。宇之表无极，宙之端无穷。

张衡将天地之外称为"宇宙"，与《周髀算经》不同的是他明确认为"宇宙"是无穷的——当然这也只是他思辨的结果，他不可能提供科学的证明。而作为思辨的结果，即使与建立在科学观测证据上的现代结论一致，终究也只是巧合而已，更毋论其未能巧合者矣。

---

[1]　关于这一问题的论证请见本章下文。而在第九章中，我们还将讨论这一宇宙模式的非常可能的印度来源。

也有明确主张宇宙为有限的，比如汉代杨雄在《太玄·玄摛》中为宇宙下的定义是：

> 阖天谓之宇，辟宇谓之宙。

天和包容在其中的地合在一起称为宇，从天地诞生之日起才有了宙。这是明确将宇宙限定在物理性质的天地之内。这种观点因为最接近常识和日常感觉，即使在今天，对于没有受过足够科学思维训练的人来说也是最容易接纳的。虽然在古籍中寻章摘句，还可以找到一些能将其解释成主张宇宙无限的话头（比如唐代柳宗元《天对》中的几句文学性的咏叹），但从常识和日常感觉出发，终以主张宇宙有限者为多。[1]

总的来说，对于古代中国人的天文学、星占学或哲学而言，宇宙有限还是无限并不是一个非常重要的问题。而"上下四方曰宇，往古来今曰宙"的定义，则可以被主张宇宙有限、主张宇宙无限以及主张宇宙有限无限为不可知的各方所共同接受。

3

李约瑟在《中国科学技术史》的天学卷中，为"宣夜说"专设一节。他热情赞颂这种宇宙模式说：

> 这种宇宙观的开明进步，同希腊的任何说法相比，的确都毫不逊色。亚里士多德和托勒密僵硬的同心水晶球概念，曾束缚欧洲天文学思想一千多年。中国这种在无限的空间中飘浮着稀疏的天体的看法，要比欧洲的水晶球概念先进得多。虽然汉学家们倾向于认为宣夜说不曾起作用，然而它对中国天文学思想所起的作

---

[1] 可参看郑文光、席泽宗：《中国历史上的宇宙理论》，人民出版社，1975 年版，第145—146 页。

用实在比表面上看起来要大一些。[1]

这段话使得"宣夜说"名声大振。从此它一直沐浴在"唯物主义"、"比布鲁诺（Giordano Bruno）早多少多少年"之类的赞美歌声中。虽然我在十多年前已指出这段话中至少有两处技术性错误，[2] 但那还只是枝节问题。这里要讨论的是李约瑟对"宣夜说"的评价是否允当。

"宣夜说"的历史资料，人们找来找去也只有李约瑟所引用的那一段，见《晋书·天文志》：

> 宣夜之书亡，惟汉秘书郎郗萌记先师相传云：天性了无质，仰而瞻之，高远无极，眼瞀精绝，故苍苍然也。譬之旁望远道之黄山而皆青，俯察千仞之深谷而窈黑，夫青非真色，而黑非有体也。日月众星，自然浮生虚空之中，其行其止皆须气焉。是以七曜或逝或住，或顺或逆，伏现无常，进退不同，由乎无所根系，故各异也。故辰极常居其所，而北斗不与众星西没也。摄提、填星皆东行。日行一度，月行十三度，迟疾任情，其无所系著可知矣。若缀附天体，不得尔也。

其实只消稍微仔细一点来考察这段话，就可知李约瑟的高度赞美是建立在他一厢情愿的想象之上的。

首先，这段话中并无宇宙无限的含义。"高远无极"明显是指人目之极限而言。其次，断言七曜"伏现无常，进退不同"，却未能对七曜的运行进行哪怕是最简单的描述，造成这种致命缺陷的原因被认为是"由乎无所根系"，这就表明这种宇宙模式无法导出任何稍有积极意义

---

[1] 李约瑟：《中国科学技术史》第四卷"天学"（注意这是 20 世纪 70 年代中译本的分卷法，与原版不同），科学出版社，1975 年版，第 115—116 页。

[2] 李约瑟的两处技术性错误是：1. 托勒密的宇宙模式只是天体在空间运行轨迹的几何表示，并无水晶球之类的坚硬实体。2. 亚里士多德学说直到 14 世纪才获得教会的钦定地位，因此水晶球体系至多只能束缚欧洲天文学思想四百年。参见江晓原："天文学史上的水晶球体系"，载《天文学报》，28 卷 4 期（1987）。

的结论。相比之下，西方在哥白尼之前的宇宙模式——哪怕就是亚里士多德学说中的水晶球体系，也能导出经得起精确观测检验的七政运行轨道。[1] 前者虽然在某一方面比较接近今天我们所认识的宇宙，终究只是哲人思辨的产物；后者虽然与今天我们所认识的宇宙颇有不合，却是实证的、科学的产物。[2] 两者孰优孰劣，应该不难得出结论。

宣夜说虽因李约瑟的称赞而在现代获享盛名，但它根本未能引导出哪怕只是非常初步的数理天文学系统——即对日常天象的解释和数学描述，以及对未来天象的推算。从这个意义上来看，宣夜说（更不用说昕天、穹天、安天等说）根本没有资格与盖天说和浑天说相提并论。真正在古代中国产生过重大影响和作用的宇宙模式，是盖天与浑天两家。以下几节，先论盖天，次论浑天。

4

在《周髀算经》所述盖天宇宙模型中，天与地的形状如何，现代学者们有着普遍一致的看法，姑举叙述最为简洁易懂的一种作为代表：

> 《周髀》又认为，"天象盖笠，地法覆盘"，天和地是两个相互平行的穹形曲面。天北极比冬至日道所在的天高 6 万里，冬至日道又比天北极下的地面高 2 万里。同样，极下地面也比冬至日道下的地面高 6 万里。[3]

---

[1] 在哥白尼学说问世时，托勒密体系的精确度——由于 Tycho 将它的潜力发挥到了登峰造极的地步——仍然明显高于哥白尼体系。

[2] 我们所说的"实证的"，意思是说，它是建立在科学观测基础之上的。按照现代科学哲学的理论，这样的学说就是"科学的"（scientific）。

[3] 薄树人："再谈《周髀算经》中的盖天说——纪念钱宝琮先生逝世十五周年"，载《自然科学史研究》，8 卷 4 期 (1989)。其说与钱宝琮、陈遵妫等人的说法完全一样。

然而，这种看法的论述者又总是在同时指出：上述天地形状与《周髀算经》中有关计算所暗含的假设相互矛盾。仍举出一例为代表：

> 天高于地八万里，在《周髀》卷上之二，陈子已经说过，他假定地面是平的；这和极下地面高于四旁地面六万里，显然是矛盾的。……它不以地是平的，而说地如覆盘。[1]

其实这种认为《周髀算经》在天地形状问题上自相矛盾的说法，早在唐代李淳风为《周髀算经》所作注文中就已发其端。李淳风认为《周髀算经》在这一问题上"语术相违，是为大失"。[2]

但是，**所有持上述说法的论著，事实上都在无意之中犯了一系列未曾觉察的错误**。从问题的表层来看，这似乎只是误解了《周髀算经》的原文语句，以及过于轻信前贤成说而递相因袭，未加深究而已。然而再往深一层看，何以会误解原文语句？原因在于对《周髀算经》体系中某些要点的意义缺乏认识——其中一个是"**北极璇玑**"。下面先讨论北极璇玑，再分析对原文语句的误解问题。

5

解决《周髀算经》中盖天宇宙模型天地形状问题的关键之一就是所谓"北极璇玑"。此"北极璇玑"究竟是何物，现有的各种论著中对此莫衷一是。钱宝琮赞同顾观光之说，认为"北极璇玑也不是一颗实际的星"，而是"假想的星"。[3]陈遵妫则明确表示：

> "北极璇玑"是指当时观测的北极星；……《周髀》所谓"北

[1] 陈遵妫：《中国天文学史》第一册，上海人民出版社，1980 年版，第 136 页。

[2] 《周髀算经》，钱宝琮校点《算经十书》之一，中华书局，1963 年版，第 28 页。

[3] 钱宝琮："盖天说源流考"，载《科学史集刊》创刊号（1958）。

极璇玑"，即指北极中的大星，从历史上的考据和天文学方面的推算，大星应该是帝星即小熊座 β 星。[1]

但是，《周髀算经》谈到"北极璇玑"或"璇玑"至少有三处，而上述论述都只是针对其中一处所作出的。对于其余几处，论著者们通常都完全避而不谈——实在是不得不如此，因为在"盖天宇宙模型中天地形状为双重球冠形"的先入之见的框架中，对于《周髀算经》中其余几处涉及"北极璇玑"的论述，根本不可能作出解释。如果又将思路局限在"北极璇玑"是不是实际的星这样的方向上，那就更加无从措手了。

《周髀算经》中直接明确谈到"璇玑"的共三处，依次见于原书卷下之第 8、9、12 节，[2] 先依照顺序录出如下：

> 欲知北极枢、璇玑四极，常以夏至夜半时北极南游所极，冬至夜半时北游所极，冬至日加酉之时西游所极，日加卯之时东游所极，此北极璇玑四游。正北极璇玑之中，正北天之中，正极之所游……（以下为具体观测方案）。
>
> 璇玑径二万三千里，周六万九千里（《周髀算经》全书皆取圆周率 =3 ）。此阳绝阴彰，故不生万物。
>
> 牵牛去北极……。术曰：置外衡去北极枢二十三万八千里，除璇玑万一千五百里，……。东井去北极……。术曰：置内衡去北极枢十一万九千里，加璇玑万一千五百里，……

从上列第一条论述可以清楚地看到，**"北极"、"北极枢"和"璇玑"是三个有明确区分的概念：**

---

[1]　陈遵妫：《中国天文学史》第一册，第 137—138 页。

[2]　本书所依据的《周髀算经》文本为江晓原、谢筠：《周髀算经译注》，辽宁教育出版社，1995 年版。节号是这一文本中所划分的序号。以下各章同此。

那个"四游"而划出圆圈的天体，陈遵妫认为就是当时的北极星，这是对的，但必须注意，《周髀算经》原文中分明将这一天体称为"北极"，而不是如上引陈遵妫论述中所说的"北极璇玑"。

"璇玑"则是天地之间的一个柱状体，这个圆柱的截面就是"北极"——当时的北极星（究竟是今天的哪一颗星还有争议）——作拱极运动在天上所划出的圆。

至于"北极枢"，则显然就是北极星所划圆的圆心——它才能真正对应于天文学意义上的北极。

在上面所作分析的基础上，我们就完全不必再回避上面所引《周髀算经》第9、第12节中的论述了。由这两处论述可知，"璇玑"并非假想的空间，而是被认为实际存在于大地之上——处在天上北极的正下方，它的截面直径为2.3万里，这个数值对应于《周髀算经》第8节中所述在周地地面测得的北极东、西游所极相差2尺3寸，仍是由"勾之损益寸千里"推导而得。北极之下大地上的这个直径为2.3万里的特殊区域在《周髀算经》中又被称为"极下"，这是"璇玑"的同义语。

如果仅仅到此为止，我们对"璇玑"的了解仍是不完备的。所幸《周髀算经》还有几处对这一问题的论述，可以帮助我们解破疑团。这些论述见于原书卷下第7、第9节：

> 极下者，其地高人所居六万里，滂沱四隤而下。
>
> 极下不生万物，何以知之？……

于是又可知："璇玑"是指一个实体，它高达6万里，上端是尖的，以弧线向下逐渐增粗，至地面时，其底的直径为2.3万里（参见本章图1）；而在此6.9万里圆周范围内，如前所述是"阳绝阴彰，故不生万物"。

这里必须特别讨论一下"滂沱四隤而下"这句话。所有主张《周髀算经》宇宙模型中天地形状为双重球冠形的论著，几乎都援引"滂沱四隤而下"一语作为证据，**却从未注意到"极下者，其地高人所居**

六万里" 这句话早已完全排除了天地为双重球冠形的任何可能性。其实只要稍作分析就可发现，按照天地形状为双重球冠形的理解，大地的中央（北极之下）比这一球冠的边缘——亦即整个大地的边界——高六万里；但这样一来，"极下者，其地高人所居六万里"这句话就绝对无法成立了，因为在球冠形模式中，大地上比极下低六万里的面积实际上为零——只有球冠边缘这一线圆周是如此，而"人所居"的任何有效面积所在都不可能低于极下六万里。比如，周地作为《周髀算经》作者心目中最典型的"人所居"之处，按照双重球冠模式就绝对不可能低于极下六万里。

此外，如果接受双重球冠模式，则极下之地就会与整个大地合为一体，没有任何实际的边界可以将两者区分，这也是明显违背《周髀算经》原意的——如前所述，极下之地本是一个直径2.3万里、其中"阳绝阴彰，不生万物"、阴寒死寂的特殊圆形区域。

6

根据上两节的讨论，我们已经知道《周髀算经》所述盖天宇宙模型的基本结构是：**天与地为平行平面，在北极下方的大地中央矗立着高6万里、底面直径为2.3万里的上尖下粗的"璇玑"**。剩下需要补充的细节还有三点：

一是天在北极处的形状。大地在北极下方有矗立的"璇玑"，天在北极处也并非平面，《周髀算经》在卷下第7节对此叙述得非常明确：

> 极下者，其地高人所居六万里，滂沲四颓而下。天之中央，亦高四旁六万里。

也就是说，天在北极处也有柱形向上耸立——其形状与地上的"璇玑"一样。这一结构已明确表示于本章图1（见114页）。该图为《周髀算经》盖天宇宙模型的侧视剖面图，由于以北极为中心，图形是轴对称的，故只需绘出其一半；图中左端即"璇玑"的侧视半剖面。

二是天、地两平面之间的距离。在天地为平行平面的基本假设之下，这一距离很容易利用表影测量和勾股定理推算而得。即《周髀算经》卷上第 3 节所说的"从髀至日下六万里而髀无影，从此以上至日则八万里"。日在天上，天地又为平行平面，故日与"日下"之地的距离也就是天与地的距离。而如果将盖天宇宙模式中的天地理解成所谓双重球冠形曲面，这些推算就全都无法成立。李淳风以下，就是因此而误斥《周髀算经》为"自相矛盾"。其实，《周髀算经》关于天地为平行平面以及天地距离还有一处明确论述，见卷下第 7 节：

> 天离地八万里，冬至之日虽在外衡，常出极下地上二万里。

"极下地"即"璇玑"顶部，它高出地面六万里，故上距天为二万里。

三是盖天宇宙的总尺度。盖天宇宙是一个有限宇宙，天与地为两个平行的平面大圆形，此两大圆平面的直径皆为 81 万里——此值是《周髀算经》依据另一条公理"日照四旁各十六万七千里"推论而得出（参见本章 123 页注 1），有关论述见于卷上第 4、第 6 节：

> 冬至昼，夏至夜，差数所及，日光所逮观之，四极径八十一万里，周二百四十三万里。
>
> 日冬至所照过北衡十六万七千里，为径八十一万里，周二百四十三万里。

北衡亦即外衡，这是盖天宇宙模型中太阳运行到距其轨道中心——亦即北极——最远之处，此处的日轨半径为 23.8 万里，太阳在此处又可将其光芒向四周射出 16.7 万里，两值相加得宇宙半径为 40.5 万里，故宇宙直径为 81 万里。

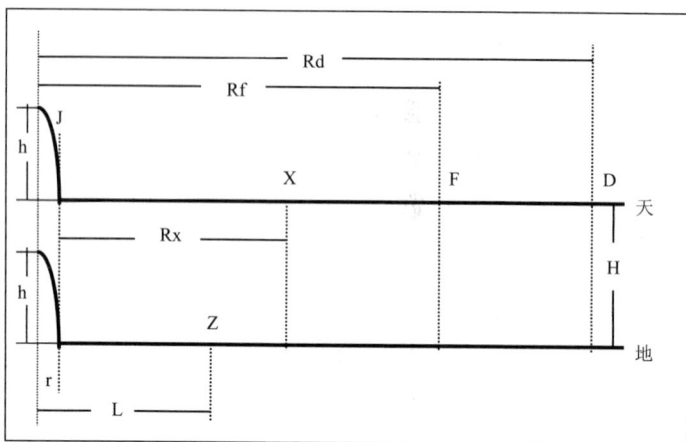

图 1：《周髀算经》盖天宇宙的正确形状（侧视半剖面图）

据《周髀算经》原文，上图中各参数之意义及其数值如下：

J　　北极（天中）

Z　　周地（洛邑）所在

X　　夏至日所在（日中之时）

F　　春、秋分日所在（日中之时）

D　　冬至日所在（日中之时）

r　　极下璇玑半径 = 11,500 里

Rx　夏至日道半径 = 119,000 里

Rf　春、秋分日道半径 = 178,500 里

Rd　冬至日道半径 = 238,000 里

L　　周地距极远近 = 103,000 里

H　　天地距离 = 80,000 里

h　　极下璇玑之高 = 60,000 里

　　综上所述，《周髀算经》中盖天宇宙几何模型的正确形状结构如图 1 所示。此模型既处处与《周髀算经》原文文意吻合，在《周髀算经》的数理结构中也完全自洽可通，为何前贤却一直将天地形状误认为双重球冠形曲面呢？这就必须仔细辨析"天象盖笠，地法覆盘"八个字了。

7

　　《周髀算经》卷下第 7 节有"天象盖笠，地法覆盘"一语，这八个字是双重球冠说最主要的依据，不可不详加辨析。

　　这八个字本来只是一种文学性的比拟和描述，正如赵爽在此八字的注文中所阐述的那样：

> 见乃谓之象，形乃谓之法。在上故准盖，在下故拟盘。象法义同，盖盘形等。互文异器，以别尊卑；仰象俯法，名号殊矣。

这里赵爽强调，盖、盘只是比拟。这样一句文学性的比喻之辞，至多也只能是表示宇宙的大致形状，其重要性与可信程度根本无法和《周髀算经》的整个体系以及其中的数理结构——我们的讨论已经表明，"天地为平行平面"是上述体系结构中必不可少的前提——相提并论。

　　再退一步说，**即使要依据这八个字去判断《周髀算经》中盖天宇宙模型的形状，也无论如何推论不出"双重球冠"的形状——恰恰相反，仍然只能得出"天地为平行平面"的结论**。试逐字分析如次：

　　盖，车盖、伞盖之属也。其实物形象，今天仍可从传世的古代绘画、画像砖等处看到——它们几乎无一例外都是圆形平面的，四周有一圈下垂之物，中央有一突起（连接曲柄之处），正与本章图 1（见 114 页）所示天地形状极为吻合。而球冠形的盖，至少笔者从未见到过。

　　笠，斗笠之属，今日仍可在许多地方见到。通常也呈圆形平面，中心有圆锥形凸起，正与本章图 1（见 114 页）所示大地形状吻合。

　　覆盘，倒扣着的盘子。盘子是古今常用的器皿，自然也只能是平底的，试问谁见过球冠形的盘子——那样的话它还能放得稳吗？

　　综上所述，用"天象盖笠，地法覆盘"八字去论证双重球冠之说，实不知何所据而云然。乃前贤递相祖述，俱不深察，甚可怪也。究其原因，或许是因为首创此说者权威之大，后人崇敬之余，难以想象智者亦有千虑之一失矣。

对"天象盖笠，地法覆盘"八字之误读，当是今人在语言隔阂之下所犯的错误，古人好像不至于犯这样的错误。例如，东汉那位酷爱争论的王充，就是盖天宇宙模式的拥护者。《晋书·天文志》记载他"据盖天之说"对浑天说的驳议云：

> 旧说天转自地下过，今掘地一丈辄有水，天何得从水中行乎？甚不然也。日随天而转，非入地。夫人目所望，不过十里，天地合矣——实非合也，远使然耳。今视日入，非入也，亦远耳。当日入西方之时，其下之人亦将谓之为中也。四方之人，各以其近者为出，远者为入矣。何以明之？今试使一人把大炬火，夜行于平地，去人十里，火光灭矣——非灭也，远使然耳。今日西转不复见，是火灭之类也。日月不圆也，望视之所以圆者，去人远也。夫日，火之精也；月，水之精也。水火在地不圆，在天何故圆？

王充的上述学说当然谬误丛出，比如不相信日月是圆的之类。但是这里对于我们的讨论非常重要的是，王充所依据的盖天宇宙模式，其天地结构和形状，在他心目中是平行的平面，这一点显然是毫无疑问的。他所用的比喻和论证，都足以证明这一点。这是汉代学者对盖天宇宙模式之理解的一个例证，在这个例证中，汉人对盖天宇宙的理解与我们在前几节得出的结论是一致的。而主张《周髀算经》盖天宇宙模式是所谓"双重球冠"的前贤，似乎从未注意到这一例证。

最后还有一点应该顺便说一说。先前有些论著中有所谓"第一次盖天说"、"第二次盖天说"之说。古代的"天圆地方"之说被称为"第一次盖天说"，而《周髀算经》中所陈述的盖天说被称为"第二次盖天说"。其实后者有整套的数理体系，而前者只是一两句话头而已，两者根本不可同日而语。因此上面这种说法没有什么积极意义，反而会带来概念的混淆。

8

与盖天说相比，浑天说的地位要高得多——事实上它是在中国古代占统治地位的主流学说，但是它却没有一部像《周髀算经》那样系统陈述其学说的著作。

通常将《开元占经》卷一中所引的《张衡浑仪注》视为浑天说的纲领性文献，这段引文很短，全文如下：

> 浑天如鸡子。天体（这里意为"天的形体"）圆如弹丸，地如鸡子中黄，孤居于内。天大而地小。天表里有水，水之包地，犹壳之裹黄。天地各乘气而立，载水而浮。周天三百六十五度又四分度之一，又中分之，则一百八十二度八分之五覆地上，一百八十二度八分之五绕地下。故二十八宿半见半隐。其两端谓之南北极。北极乃天之中也，在正北，出地上三十六度。然则北极上规径七十二度，常见不隐；南极天之中也，在南入地三十六度，南极下规径七十二度，常伏不见。两极相去一百八十二度半强。天转如车毂之运也，周旋无端，其形浑浑，故日浑天也。

这就是浑天说的基本理论。内容远没有《周髀算经》中盖天理论那样丰富，但还是有几个值得稍加分析的要点。这一节先谈起源问题。

浑天说的起源时间，一直是个未能确定的问题。可能的时间大抵在西汉初至东汉之间，最晚也就到张衡的时代。

认为西汉初年已有浑天说的主张，主要依据两汉之际杨雄《法言·重黎》中的一段话：

> 或问浑天，曰：落下闳营之，鲜于妄人度之，耿中丞象之。

郑文光认为这表明落下闳（活动于汉武帝时）的时代已经有了浑仪和

浑天说，因为浑仪就是依据浑天说而设计的。[1] 有的学者强烈否认那时已有浑仪，但仍然相信是落下闳创始了浑天说。[2] 迄今未见有得到公认的结论问世。

在上面的引文中有一点值得注意，即北极"出地上三十六度"。

这里的"度"应该是中国古度。中国古度与西方将圆周等分为360° 之间有如下的换算关系：

$$1 中国古度 = 360/365.25 = 0.9856°$$

因此北极"出地上三十六度"转换成现代的说法就是：北极的地平高度为 35.48°。

北极的地平高度并不是一个常数，它是随着观测者所在的地理纬度而变的。但是在上面那段引文中，作者显然还未懂得这一点，所以他一本正经地将北极的地平高度当作一个重要的基本数据来陈述。由于北极的地平高度在数值上恰好等于当地的地理纬度，这就提示我们，**浑天说的理论极可能是创立于北纬 35.48° 地区的**。然而这是一个会召来很大麻烦的提示，它使得浑天说的起源问题变得更加复杂。

我们如果打开地图来寻求印证，上面的提示就会给我们带来很大的困惑——几个可能与浑天说创立有关系的地区，比如巴蜀（落下闳的故乡）、长安（落下闳等天学家被召来此地进行改历活动）、洛阳（张衡在此处两次任太史令）等等，都在北纬 35.48° 之南很远。以我之孤陋寡闻，好像未见前贤注意过这一点。如果我们由此判断浑天说不是在上述任一地点创立的，那么它是在何处创立的呢？地点一旦没有着落，时间上会不会也跟着出问题呢？

不过在这里我仅限于将问题提出，先不轻下结论。[3]

---

[1] 郑文光、席泽宗：《中国历史上的宇宙理论》，第 69 页。

[2] 例如李志超教授在"仪象创始研究"一文中说："一切昌言在西汉之前有浑仪的说法都不可信。'浑仪'之名应始于张衡，一切涉及张衡以前的'浑仪'记述都要审慎审核，大概或为伪托，或为后代传述人造成的混乱。"见《自然科学史研究》，9 卷 4 期（1990）。

[3] 我已经有了一个初步的、然而非常大胆的猜想，但"小心求证"尚未完成。

9

在浑天说中大地和天的形状都已是球形，这一点与盖天说相比大大接近了今天的知识。但要注意它的天是有"体"的，这应该就是意味着某种实体（就像鸡蛋的壳），而这就与亚里士多德的水晶球体系半斤八两了。然而先前对亚里士多德水晶球体系激烈抨击的论著，对浑天说中同样的局限却总是温情脉脉地避而不谈。

但是球形大地"载水而浮"的设想造成了很大的问题。因为在这个模式中，日月星辰都是附着在"天体"内面的，而此"天体"的下半部分盛着水，这就意味着日月星辰在落入地平线之后都将从水中经过，这实在与日常的感觉难以相容。于是后来又有改进的说法——认为大地是悬浮在"气"中的，比如宋代张载《正蒙·参两篇》说"地在气中"，这当然比让大地浮在水上要合理一些。

用今天的眼光来看，浑天说是如此的初级、简陋，与约略同一时代西方托勒密精致的地心体系（注意浑天说也完全是地心的）根本无法同日而语，就是与《周髀算经》中的盖天学说相比也大为逊色。然而这样一个初级、简陋的学说，为何竟能在此后约两千年间成为主流学说？

原因其实也很简单：就因为浑天说将天和地的形状认识为球形。这样一来，至少可以在此基础上发展出一种最低限度的球面天文学体系。而只有球面天文学，才能使得对日月星辰运行规律的测量、推算成为可能。盖天学说虽然有它自己的数理天文学，但它对天象的数学说明和描述是不完备的（例如，《周髀算经》中完全没有涉及交蚀和行星运动的描述和推算）。

我在上面之所以加上"最低限度的"这一限定语，是因为中国古代的球面天文学始终未能达到古希腊的水准——今天全世界天文学家共同使用的球面天文学体系，在古希腊时代就已经完备。而浑天说中有一个致命的缺陷，使得天文学家和数学家都无法从中发展出任何行之有效的几何宇宙模型，以及建立在此几何模型基础之上的球面天文学。这个致命的缺陷，简单地说只是四个字：地球太大！

10

中国古代是否有地圆说，这个问题是在明末传入了西方地圆说并且被一部分中国天文学家当作正确结论接受之后才产生的。而答案几乎是众口一词的"有"。然而，这一问题并非一个简单的"有"或"无"所能解决。

被作为中国古代地圆学说的文献证据，主要有如下几条：

> 南方无穷而有穷。……我知天下之中央，燕之北、越之南是也。（《庄子·天下》引惠施）
>
> 浑天如鸡子。天体圆如弹丸，地如鸡中黄，孤居于内，天大而地小。天表里有水，天之包地，犹壳之裹黄。（东汉·张衡《浑天仪图注》）
>
> 天地之体状如鸟卵，天包于地外，犹卵之裹黄，周旋无端，其形浑浑然，故曰浑天。其术以为天半覆地上，半在地下，其南北极持其两端，其天与日月星宿斜而回转。（三国·王蕃《浑天象说》）

惠施的话，如果假定地球是圆的，可以讲得通，所以被视为地圆说的证据之一。后面两条，则已明确断言大地为球形。

既然如此，中国古代有地圆学说的结论，岂非已经成立？

但是且慢。能否确认地圆，并不是一件孤立的事。换句话说，并不是承认地球是球形就了事。在古希腊天文学中，地圆说是与整个球面天文学体系紧密联系在一起的。西方的地圆说实际上有两大要点：

1. 地为球形；

2. 地与"天"相比非常之小。

第一点容易理解，但第二点的重要性就不那么直观了。然而这里只要指出下面一点或许就已足够：在球面天文学中，只在极少数情况比如考虑地平视差、月蚀等问题时，才需计入地球自身的尺度；而绝大部分情况下都将地球视为一个点，即忽略地球自身的尺度。这样的忽略不仅是非常必要的，而且是完全合理的，这只需看一看下面的数据就不难明白：

地球半径	6371 公里
地球与太阳的距离	149597870 公里

上述两值之比约为 1：23481。

进而言之，地球与太阳的距离，在太阳系九大行星中仅位列第三，太阳系的广阔已经可想而知。如果再进而考虑银河系、河外星系……，那更是广阔无垠了。地球的尺度与此相比，确实可以忽略不计。古希腊人的宇宙虽然是以地球为中心的，但他们发展出来的球面天文学却完全可以照搬到日心宇宙和现代宇宙体系中使用——球面天文学主要就是测量和计算天体位置的学问，而我们人类毕竟是在地球上进行测量的。

现在再回过头来看中国古代的地圆说。中国人将天地比作鸡蛋的蛋壳和蛋黄，那么显然，在他们心目中天与地的尺度是相去不远的。事实正是如此，下面是中国古代关于天地尺度的一些数据：

> 天球直径为三十八万七千里；地离天球内壳十九万三千五百里。（《尔雅·释天》）
>
> 天地相距六十七万八千五百里。（《河洛纬·甄耀度》）
>
> 周天也三百六十五度，其去地也九万一千余里。（杨炯《浑天赋》）

以第一说为例，地球半径与太阳距离之比是 1：1。在这样的比例中，地球自身尺度就无论如何也不能忽略。然而自明末起，学者们常常忽视上述重大区别而力言西方地圆说在中国"古已有之"；许多当代论著也经常重复与古人相似的错误。

非常不幸的是，不能忽略地球自身的尺度，也就无法发展出古希腊人那样的球面天文学。学者们曾为中国古代的天文学为何未能进展为现代天文学找过许多原因，诸如几何学不发达、不使用黄道体系等等，其实将地球看得太大，或许是致命的原因之一。

11

评价不同宇宙学说的优劣，当然需要有一个合理的判据。

我们在前面已经看到，这个判据不应该是主张宇宙有限还是无限。也不能是抽象的"唯心"或"唯物"——历史早已证明，"唯心"未必恶，"唯物"也未必善。

另一个深入人心的判据，是看它与今天的知识有多接近。许多科学史研究者将这一判据视为天经地义，却不知其实大谬不然。人类对宇宙的探索和了解是一个无穷无尽的过程，我们今天对宇宙的知识，也不可能永为真理。当年哥白尼的宇宙、开普勒的宇宙……今天看来都不能叫真理，都只是人类认识宇宙的过程中的不同阶梯，而托勒密的宇宙、第谷的宇宙……也同样是阶梯。

对于古代的天文学家来说，宇宙模式实际上是一种"工作假说"。因此以发展的眼光来看，评价不同宇宙学说的优劣，比较合理的判据应该是：

看这种宇宙学说中能不能容纳对未知天象的描述和预测——如果这些描述和预测最终导致对该宇宙学说的修正或否定，那就更好。

在这里我的立场很接近科学哲学家波普尔（K.R.Popper）的"证伪主义"（falsificationism），即认为只有那些通过实践（观测、实验等）能够对其构成检验的学说才是有助于科学进步的，这样的学说具有"可证伪性"（falsifiability）。而那些永不会错的"真理"（比如"明天可能下雨也可能不下"之类）以及不给出任何具体信息和可操作检验的学说，不管它们看上去是多么正确（往往如此，比如上面那句废话），对于科学的发展来说都是没有意义的。[1]

按照这一判据，几种前哥白尼时代的宇宙学说可排名次如下：

---

[1] 波普尔的学说在他的《猜想与反驳》（1969）和《客观知识》（1972）两书中有详尽的论述。此两书都有中译本（上海译文出版社，1986，1987）。在波普尔的证伪学说之后，科学哲学当然还有许多发展。要了解这方面的情况，迄今我所见最好的简明读物是查尔默斯（A.F.Chalmers）：《科学究竟是什么？》，商务印书馆，1982 年版。

1. 托勒密宇宙体系。

2.《周髀算经》中的盖天宇宙体系。

3. 中国的浑天说。

至于宣夜说之类就根本排不上号了。宣夜说之所以在历史上没有影响，不是因为它被观测证据所否定，而是因为它根本就是"不可证伪的"，没有任何观测结果能构成对它的检验，因而对于解决任何具体的天文学课题来说都是没有意义的，其下场自然是无人理睬，无疾而终。

托勒密的宇宙体系之所以被排在第一位，是因为它是一个高度可证伪的、公理化的几何体系。从它问世之后，直到哥白尼学说胜利之前，西方世界（包括阿拉伯世界）几乎所有的天文学成就都是在这一体系中作出的。更何况正是在这一体系的营养之下，才产生了第谷体系、哥白尼体系和开普勒体系。

我已经设法证明，《周髀算经》中的盖天学说也是一个公理化的几何体系，尽管比较粗糙幼稚。[1] 其中的宇宙模型有明确的几何结构，由这一结构进行推理演绎时又有具体的、绝大部分能够自洽的数理。"日影千里差一寸"正是在一个不证自明的前提、亦即公理——"天地为平行平面"——之下推论出来的定理。而且，这个体系是可证伪的。唐开元十二年（公元 724 年）一行、南宫说主持全国范围的大地测量，以实测数据证明了"日影千里差一寸"是大错，[2] 就宣告了盖天说的最后失败。这里之所以让盖天说排名在浑天说之前，是因为它作为中国古代唯一的公理化尝试，实有难能可贵之处。

浑天说没能成为像样的几何体系，但它毕竟能够容纳对未知天象的描述和预测，使中国传统天文学在此后的一两千年间得以持续运作

---

[1] 关于这一点的详细论证见江晓原："《周髀算经》——中国古代唯一的公理化尝试"，载《自然辩证法通讯》，18 卷 3 期（1996）。

[2] 同样南北距离之间的日影之差是随地理纬度而变的，其数值也与"千里差一寸"相去甚远——大致为二百多里差一寸。参见中国天文学史整理研究小组：《中国天文学史》，第 164 页。

和发展。它的论断也是可证伪的（比如大地为球形，就可以通过实际观测来检验），不过因为符合事实，自然不会被证伪。而盖天说的平行平面天地就要被证伪。

中国古代在宇宙体系方面相对落后，但在数理天文学方面却能有很高成就，这对西方人来说是难以想象的。其实这背后另有一个原因。中国人是讲究实用的，对于纯理论的问题、眼下还未直接与实际运作相关的问题，都可以先束之高阁，或是绕而避之。宇宙模式在古代中国人眼中就是一个这样的问题。古代中国天学家采用代数方法，以经验公式去描述天体运行，效果也很好（古代巴比伦天文学也是这样）。宇宙到底是怎样的结构，可以不去管它。宇宙模式与数理天文学之间的关系，在古代中国远不像在西方那样密切——在西方，数理天文学是直接在宇宙的几何模式中推导、演绎而出的。

12

以上各节所论，都是今天看来属于物理性质的宇宙问题。最后我们必须谈到古代中国人宇宙观中一个及其重要的方面——天人感应的宇宙观。对此拙著《天学真原》中已经作过相当多的讨论，[1] 这里仅稍作概述和补充。

在古代中国人的措辞中，"天"往往代表今日所说的大自然，也就是宇宙。这个大自然并不是现代科学"客观性假定"意义上的大自然，不是纯物质的、外在于我们人类认识主体的、不受人类意志影响的大自然，而是一个道德至上的、有情感、有意志的巨大活物——我们人也是其中的一部分。在这样的意义上，古人不用"宇宙"一词而用"天"。

这个"天"，与我们"人"是相互影响、相互作用的。人可以因自

---

[1]　可参阅拙著《天学真原》第二章、第四章中的有关内容。

己的善行而感天动地，也可以因自己的恶行而招致天谴。天可以用它的仁爱来化育万物，也可以用它的震怒来警告世人。如此一幅天人互动的图景，就是人们熟知的"天人感应"，亦即"天人合一"。

在天人合一的宇宙观中，西方人改造自然、征服自然之类的思想是根本没有地位的。我们享用大自然中的资源，那是接受上天仁爱的恩赐；而当上天用日食、彗星、大旱、地震、……以及许许多多被星占学家赋予不同星占意义的天象来警告人类时，则意味着帝王们的统治出现了失误，他们必须对上天进行禳祈和谢罪，否则的话上天甚至会剥夺他们的统治权——即所谓"天命"的转移。每一次改朝换代，胜利的新朝总是宣称上天已将天命赋予自己。

在天人合一的宇宙观中，还有所谓"为政顺乎四时"的思想，在古代中国深入人心。姑举汉代董仲舒在《春秋繁露》卷十一"阴阳义"中所说为例：

> 天亦有喜怒之气，哀乐之心，与人相副。以类合之，天人一也。春，喜气也，故生；秋，怒气也，故杀；夏，乐气也，故养；冬，哀气也，故藏。……与天同者大治，与天异者大乱，故为人主之道，莫明于在身之于天同者而用之，使喜怒必当义乃出。

此处之"义"，并非正义或仁义之谓，而是指"合于时宜"。不仅帝王（"为人主"者）的政令要与四时节候相配合，宰相处理政务也要如此，《史记·陈丞相世家》记陈平对汉文帝阐述宰相职责时说：

> 宰相者，上佐天子理阴阳，顺四时，下育万物之宜，……

就是此意。今日仍在使用的"时令"、"时宜"二词，正有古代的遗意。在古代中国人心目中，如果政令不合时宜，气候就不会风调雨顺，就会有水旱虫灾之类，而这些现象都被认为是上天震怒的表示。

13

天人合一的宇宙观当然与现代科学观念格格不入。[1] 不过在对宇宙的认识局限这一点上来说，古代中国人的想法倒是可能与现代宇宙学思考有某种暗合之处。例如《周髀算经》在陈述宇宙是直径为81万里的双层圆形平面后，接着就说：

> 过此而往者，未之或知。或知者，或疑其可知，或疑其难知。此言上圣不学而知之。

意思是说，在我们观测所及的范围之外，从未有人知道是什么，而且无法知道它能不能被知道。此种存疑之态度，正合"知之为知之，不知为不知，是知（智）也"之意，较之今人之种种武断、偏执和人云亦云，高明远矣。张衡《灵宪》中说：

> 过此而往者，未之或知也。未之或知者，宇宙之谓也。

也认为宇宙是"未之或知"的。再如明代杨慎说：

> 盖处于物之外，方见物之真也，吾人固不出天地之外，何以知天地之真面目欤？[2]

他的意思是说，作为宇宙之一部分的人，没有能力认识宇宙的真面目。类似的思考在现代宇宙学家那里当然会发展得更为精致和深刻，例如惠勒（J.A.Wheeler）在他的演讲中，假想了一段宇宙与人的对话，我们不妨就以这段对话作为本章的结束：

---

[1]　但现在有些论者喜欢将这种宇宙观美其名曰"有机自然观"，并且和现代环境保护之类的观念攀附在一起，我总觉得有点牵强附会，至少是在拔高古人。

[2]　杨慎：《升庵全集》卷七十四"宋儒论天"。

　　宇宙：我是一个巨大的机器，我提供空间和时间使你们得以存在。这个空间和时间，在我到来之前，以及停止存在之后，都是不存在的，你们——人——只不过是在一个不起眼的星系中的一个较重要的物质斑点而已。

　　人：是啊，全能的宇宙，没有你，我们将不能存在。而你，伟大的机器，是由现象组成的。可是，每一个现象都依赖于观察这种行动，如果没有诸如像我所进行的这种观察，你也绝不会成为存在！[1]

惠勒的意思是说，没有宇宙就不会有人的认识，而没有人的认识也就不会有宇宙——这里的宇宙，当然早已不是"纯客观"的宇宙了。

---

[1]　转引自方励之编：《惠勒演讲集——物理学和质朴性》，安徽科学技术出版社，1982年版，第18页。

第八章　古代天学之中外交流（上）

中外交流与祖先的荣誉 / 鸟瞰：天文学与宗教的不解之缘 /《周髀算经》盖天宇宙与古印度宇宙之惊人相似 / 令人惊奇的寒暑五带知识 / 黄道坐标问题 / 古代中国的伪黄道 /《周髀算经》背后有一个中外交流的大谜 / 梁武帝长春殿讲义 / 梁武帝与同泰寺 / 梁武帝为何改革刻漏制度

1

前面已经说过，一部中国古代天学史，就是一部中外天文学的交流史。从已经发现的各种证据来看，古代中外天文学交流的规模和活跃程度，都很可能大大超出今人通常的想象。然而欲言此事，却需要先解决与祖先荣誉之间的关系问题。

此话怎讲？

祖先荣誉问题，本非我所欲言也。然而迄今中外学者所作古代中西天文学交流研究的成果中，90％以上皆为西方天文学在中国的传播，关于中国向西方传播的研究则寥若晨星。[1] 于是就有人义愤填膺：你们老是研究西方在中国的传播，将我们祖先的辉煌成就，弄成这也是来自西方，那也是受西方影响，这不是往祖先脸上抹黑么？不是损毁祖先的荣誉么？为何不多研究研究中国在西方的传播？

---

[1] 这样的研究在一些别的领域中当然有之，比如李约瑟的巨著中，关于火药、造纸、印刷术等等的西传，自然浓墨重彩，大快人心。如果限定在天文学史领域中，硬要找当然也能找出一点。韩琦、段异兵："毕奥对中国天象记录的研究及其对西方天文学的贡献"，载《中国科技史料》，18 卷 1 期（1997），但此文所述是毕奥对来华耶稣会传教士在 17、18 世纪翻译到西方去的中国天文学史料的研究，这与研究中国天文学在历史上向外的传播是不同的概念，也不能与像对造纸术西传那样的研究等量齐观。不过我们可以在本章第 15 节看到一个或许真正属于中国天文学向西传播的例子。

这些义愤不是完全没有道理。那些我们一直引为光荣的祖先成就、那些我们一直认为是"国粹"的事物，忽然被证明是西方传来的，或是受西方影响而产生的，有些人是会有怅然若失的感觉。然而，实际上发生着的情况比这些义愤更有道理。

首先，学术研究是一个实事求是的工作，客观情况不会为了人的感情而自动改变。如果说国内学者的研究成果之所以多为"由西向东"，是受研究材料或外语等方面的局限，那么国外学者（其中有不少是华人）并无这些局限，为什么中国人也好，西方人也好，在中国也好，在外国也好，发表的研究成果多数是"由西向东"呢？这恐怕只能说明：历史上留下来的材料中，就是以"由西向东"者为多。如果这确实是事实，那多大的义愤也无法使之改变。

其次，我们无论如何必须改变一个陈旧的观念，即认为祖先将自己的东西传播给别人就是光荣，而接受别人传播来的东西就是耻辱。在改革开放的今天，我们不是都以引进国外高新技术为荣吗？不是都以能跟上发达国家的尖端理论为荣吗？不是都以能"和国际接轨"为荣吗？为什么同样的标准不能用在祖先身上呢？

事实上，在中外天文学交流的历史上，不断发现我们祖先接受西方知识的证据，只是表明，改革开放并非中国在 20 世纪 80 年代才第一次确立的国策，而是中华民族几千年来的优秀传统之一。中华民族从来就是胸怀博大而坦荡的，从来就是乐于接受外部的新理论、新知识的。闭关锁国、夜郎自大只是历史上的逆流。

所以最后的结论是："老是研究西方在中国的传播，将我们祖先的辉煌成就，弄成这也是来自西方，那也是受西方影响"（实际上当然也没有严重到这样程度），其实是增加了、而不是损毁了我们祖先的荣誉。[1]

---

[1] 此一结论，最先闻之于我的研究生钮卫星博士，不敢掠美，特此注明。

2

如果对古代中西方天文学交流的历史作粗线条的鸟瞰，我们就会发现，天文学的交流与宗教有着不解之缘。

六朝隋唐时期可以视为西方天文学向中土传播的一个高潮。这次高潮中，西方天文学知识主要以印度为中介，伴随佛教的东来而传入中土。一些最重要的有关文献，比如《七曜攘灾诀》之类，就是直接以佛经的形式保存下来。

元代至明初，被认为是中西天文学交流的又一个高潮。这次西方天文学以伊斯兰天学为中介，随着横跨欧亚大陆的蒙古帝国之崛起，再度进入中土。这一次高潮中的宗教色彩相对淡一些，而且已经发现有一些"由东向西"的迹象（下文中我们将谈到一个例子）。

下一个高潮出现于明末。这一次西方天文学不再依赖任何中介，直接大举进入中国。虽然这次天文学（以及其他的西方自然科学知识）主要被用作耶稣会传教士在中国传播基督教的辅助工具，因而带有极为浓厚的宗教色彩，但毕竟是成效最为显著的一次——它几乎将古老的中国带到了现代天文学的大门口。不幸的是，主要是由于中国社会自身的原因，我们还是在这大门口止步了。又过了三百年，我们才得以入此大门，那时与西方相比当然瞠乎其后矣。

在上面所说的三次高潮中，第一次高潮在拙著《天学真原》中已经有过比较详细的论述，[1] 但在本章中，将提供近年我和我的研究生们作出的一些非常有趣的新进展。关于第二次高潮前贤已经有过不少论述，但尚未见系统而全面的论述问世。[2] 本章中也将提供我在近年所作的一些新探索。至于第三次高潮，则是本书后面几章的主题。

然而，我们千万不可被上面三次高潮的说法（这是以往常见的）

---

[1] 见江晓原：《天学真原》，第六章。

[2] 在中国天文学史整理研究小组编著的《中国天文学史》一书中有所论述，但分散在不同的章节中。此后也不时有一些零星的论文发表。

框住了思路，以为除此三次高潮之外，历史上的中西天文学交流就无多可言了。事实上，以往的数千年间，中西方的天文学交流一直在进行着。特别是早期的交流，我们今天所知的一些线索，很可能仅仅是冰山之一角。还有许多惊人的事实有待揭示，还有许多惊人的大谜有待破解。这正是中西天文学交流史的迷人魅力所在。

3

根据现代学者认为比较可信的结论，《周髀算经》约成书于公元前100年。自古至今，它一直被毫无疑问地视为最纯粹的中国国粹之一。讨论《周髀算经》中有无域外天学成分，似乎是一个异想天开的问题。然而，如果我们先将眼界从中国古代天文学扩展到其他古代文明的天文学，再来仔细研读《周髀算经》原文，就会惊奇地发现，上述问题不仅不是那么异想天开，而且还有很深刻的科学史和科学哲学意义。

从本书第七章中关于盖天宇宙模型的论述（根据《周髀算经》原文中的明确交待，以及我对几个关键问题的详细论证），我们已经知道《周髀算经》中的盖天宇宙有如下特征：

一、大地与天为相距80,000里的平行圆形平面。

二、大地中央有高大柱形物（高60,000里的"璇玑"，其底面直径为23,000里）。

三、该宇宙模型的构造者在圆形大地上为自己的居息之处确定了位置，并且这位置不在中央而是偏南。

四、大地中央的柱形延伸至天处为北极。

五、日月星辰在天上坏绕北极作平面圆周运动。

六、太阳在这种圆周运动中有着多重同心轨道，并且以半年为周期作规律性的轨道迁移（一年往返一遍）。

七、太阳光芒向四周照射有极限，半径为十六万七千里。[1]

八、太阳的上述运行模式可以在相当程度上说明昼夜成因和太阳周年视运动中的一些天象。

九、一切计算中皆取圆周率为3。

令人极为惊讶的是，我发现上述九项特征竟与古代印度的宇宙模型全都吻合！这样的现象绝非偶然，值得加以注意和研究。下面先报道初步比较的结果，更深入的研究或当俟诸异日。

关于古代印度宇宙模型的记载，主要保存在一些《往世书》（*Puranas*）中。《往世书》是印度教的圣典，同时又是古代史籍，带有百科全书性质。它们的确切成书年代难以判定，但其中关于宇宙模式的一套概念，学者们相信可以追溯到吠陀时代——约公元前1000年之前，因而是非常古老的。《往世书》中的宇宙模式可以概述如下：

> 大地像平底的圆盘，在大地中央耸立着巍峨的高山，名为迷卢（Meru，也即汉译佛经中的"须弥山"，或作Sumeru，译成"苏迷卢"）。迷卢山外围绕着环形陆地，此陆地又为环形大海所围绕，……如此递相环绕向外延展，共有七圈大陆和七圈海洋。
>
> 印度在迷卢山的南方。
>
> 与大地平行的天上有着一系列天轮，这些天轮的共同轴心就是迷卢山；迷卢山的顶端就是北极星（Dhruva）所在之处，诸天轮携带着各种天体绕之旋转；这些天体包括日、月、恒星……以及五大行星——依次为水星、金星、火星、木星和土星。
>
> 利用迷卢山可以解释黑夜与白昼的交替。携带太阳的天轮上有180条轨道，太阳每天迁移一轨，半年后反向重复，以此来描

---

[1] "日照四旁十六万七千里"是《周髀算经》设定的公理之一，这些公理是《周髀算经》全书进行演绎推理的基础，详见江晓原："《周髀算经》——中国古代唯一的公理化尝试"，第七届国际中国科学史会议论文（中国深圳，1996年1月），发表于《自然辩证法通讯》，18卷3期（1996）。

述日出方位角的周年变化。……[1]

又唐代释道宣《释迦方志》卷上也记述了古代印度的宇宙模型，细节上恰可与上述记载相互补充：

> ……苏迷卢山，即经所谓须弥山也，在大海中，据金轮表，半出海上八万由旬，日月回薄于其腰也。外有金山七重围之，中各海水，具八功德。

而在汉译佛经《立世阿毘昙论》（《大正新修大藏经》1644 号）卷五"日月行品第十九"中则有日光照射极限，以及由此说明太阳视运动的记载：

> 日光径度，七亿二万一千二百由旬，周围二十一亿六万三千六百由旬。南剡浮提日出时，北郁单越日没时，东弗婆提正中，西瞿耶尼正夜。是一天下四时由日得成。

从这段记载以及佛经中大量天文数据中，还可以看出所用的圆周率也正好是 3。

根据这些记载，古代印度宇宙模型与《周髀算经》盖天宇宙模型实有惊人的相似之处，在细节上几乎处处吻合：

1. 两者的天、地都是圆形的平行平面。
2. "璇玑"和"迷卢山"同样扮演了大地中央的"天柱"角色。
3. 周地和印度都被置于各自宇宙中大地的南半部分。
4. "璇玑"和"迷卢上"的正上方皆为诸天体旋转的枢轴——北极。
5. 日月星辰在天上环绕北极作平面圆周运动。

---

[1] D.Pingree: *History of Mathematical Astronomy in India*，收于 *Dictionary of Scientific Biography*, Vol.16, New York, 1981, p.554. 此为研究印度古代数理天文学之专著，实与传记无涉也。

6. 如果说印度迷卢山外的"七山七海"在数字上使人联想到《周髀算经》的"七衡六间"的话，那么印度宇宙中太阳天轮的 180 条轨道无论从性质还是功能来说都与七衡六间完全一致（太阳在七衡之间的往返也是每天连续移动的）。

7. 特别值得指出，《周髀算经》中天与地的距离是八万里，而迷卢山也是高出海上"八万由旬"，其上即诸天轮所在，是其天地距离恰好同为八万单位，难道纯属偶然？

8. 太阳光照都有一个极限，并且依赖这一点才能说明日出日落、四季昼夜长度变化等太阳视运动的有关天象。

9. 在天文计算中，皆取圆周率为 3。

在人类文明发展史上，文化的多元自发生成是完全可能的，因此许多不同文明中相似之处，也可能是偶然巧合。但是《周髀算经》的盖天宇宙模型与古代印度宇宙模型之间的相似程度实在太高——从整个格局到许多细节都——吻合，如果仍用"偶然巧合"去解释，无论如何总显得过于勉强。

4

《周髀算经》中有相当于现代人熟知的关于地球上寒暑五带的知识。这是一个非常令人惊异的现象——因为这类知识是以往两千年间，中国传统天文学说中所没有、而且不相信的。

这些知识在《周髀算经》中主要见于卷下第 9 节：

> 极下不生万物，何以知之？……北极左右，夏有不释之冰。
>
> 中衡去周七万五千五百里。中衡左右，冬有不死之草，夏长之类。此阳彰阴微，故万物不死，五谷一岁再熟。
>
> 凡北极之左右，物有朝生暮获，冬生之类。

这里需要先作一些说明：

上引第二则中，所谓"中衡左右"即赵爽注文中所认为的"内衡之外，外衡之内"；这一区域正好对应于地球寒暑五带中的热带（南纬23°30′至北纬23°30′之间），尽管《周髀算经》中并无**地球**的观念。

上引第三则中，说北极左右"物有朝生暮获"，这必须联系到《周髀算经》盖天宇宙模型对于极昼、极夜现象的演绎和描述能力。据本书第七章所述，圆形大地中央的"璇玑"之底面直径为2.3万里，则半径为1.15万里，而《周髀算经》所设定的太阳光芒向其四周照射的极限距离是16.7万里；于是，由第七章图1清楚可见，每年从春分至秋分期间，在"璇玑"范围内将出现极昼——昼夜始终在阳光之下；而从秋分到春分期间则出现极夜——阳光在此期间的任何时刻都照射不到"璇玑"范围之内。这也就是赵爽注文中所说的"北极之下，从春分至秋分为昼，从秋分至春分为夜"，因为是以半年为昼、半年为夜。

《周髀算经》中上述关于寒暑五带的知识，其准确性是没有疑问的。然而这些知识却并不是以往两千年间中国传统天文学中的组成部分。对于这一现象，可以从几方面来加以讨论。

首先，为《周髀算经》作注的赵爽，竟然就表示不相信书中的这些知识。例如对于北极附近"夏有不释之冰"，赵爽注称："冰冻不解，是以推之，夏至之日外衡之下为冬矣，万物当死——此日远近为冬夏，非阴阳之气，爽或疑焉。"又如对于"冬有不死之草"、"阳彰阴微"、"五谷一岁再熟"的热带，赵爽表示"此欲以内衡之外、外衡之内，常为夏也。然其修广，爽未之前闻"——他从未听说过。我们从赵爽为《周髀算经》全书所作的注释来判断，他毫无疑问是那个时代够格的天文学家之一，为什么竟从未听说过这些寒暑五带知识？比较合理的解释似乎只能是：这些知识不是中国传统天文学体系中的组成部分，**所以对于当时大部分中国天文学家来说，这些知识是新奇的、与旧有知识背景格格不入的，因而也是难以置信的。**

其次，在古代中国居传统地位的天文学说——浑天说中，由于没有正确的地球概念，是不可能提出寒暑五带之类的问题来的。[1] 因此直到明朝末年，来华的耶稣会传教士在他们的中文著作中向中国读者介绍寒暑五带知识时，仍被中国人目为未之前闻的新奇学说。[2] 正是这些耶稣会传教士的中文著作才使中国学者接受了地球寒暑五带之说。而当清朝初年"西学中源"说甚嚣尘上时，梅文鼎等人为寒暑五带之说寻找中国源头，找到的正是《周髀算经》——他们认为是《周髀算经》等中国学说在上古时期传入西方，才教会了希腊人、罗马人和阿拉伯人掌握天文学知识的。[3]

现在我们面临一系列尖锐的问题：

既然在浑天学说中因没有正确的地球概念而不可能提出寒暑五带的问题，那么《周髀算经》中同样没有地球概念，何以却能记载这些知识？

如果说《周髀算经》的作者身处北温带之中，只是根据越向北越冷、越往南越热，就能推衍出北极"夏有不释之冰"、热带"五谷一岁再熟"之类的现象，那浑天家何以偏就不能？

再说赵爽为《周髀算经》作注，他总该是接受盖天学说之人，何以连他都对这些知识不能相信？

这样看来，**有必要考虑这些知识来自异域的可能性。**

大地为球形、地理经纬度、寒暑五带等知识，早在古希腊天文学家那里就已经系统完备，一直沿用至今。五带之说在亚里士多德著作中已经发端，至"地理学之父"埃拉托色尼（Eratosthenes，公元前275—195年）的《地理学概论》中，已有完整的五带：南纬 24° 至北纬 24° 之间为热带，两极处各 24° 的区域为南、北寒带，南纬 24° 至

---

[1] 薄树人："再谈《周髀算经》中的盖天说——纪念钱宝琮先生逝世十五周年"，载《自然科学史研究》，8 卷 4 期（1989）。

[2] 这类著作中最早的作品之一是《无极天主正教真传实录》，1593 年刊行；影响最大的则是利玛窦的《坤舆万国全图》，1602 年刊行；1623 年有艾儒略（Jules Aleni）作《职方外纪》，所述较利氏更详。

[3] 详见江晓原："试论清代'西学中源'说"，《自然科学史研究》，7 卷 2 期（1988）。

66°和北纬24°至66°之间则为南、北温带。从年代上来说，古希腊天文学家确立这些知识早在《周髀算经》成书之前。《周髀算经》的作者有没有可能直接或间接地获得了古希腊人的这些知识呢？这确实是一个耐人寻味的问题。

5

以浑天学说为基础的传统中国天文学体系，完全属于赤道坐标系统。在此系统中，首先要确定观测地点所见的"北极出地"度数——即现代所说的当地地理纬度，由此建立起赤道坐标系。天球上的坐标系由二十八宿构成，其中入宿度相当于现代的赤经差，去极度相当于现代赤纬的余角，两者在性质和功能上都与现代的赤经、赤纬等价。与此赤道坐标系统相适应，古代中国的测角仪器，以浑仪为代表，也全是赤道式的。中国传统天文学的赤道特征，还引起近代西方学者的特别注意，因为从古代巴比伦和希腊以下，西方天文学在两千余年间一直是黄道系统，直到16世纪晚期，才在欧洲出现重要的赤道式天文仪器，这还被认为是丹麦天文学家第谷（Tycho Brahe）的一大发明。因而在现代中外学者的研究中，传统中国天文学的赤道特征已是公认之事。

然而，在《周髀算经》全书中，却完全看不到赤道系统的特征。

首先，在《周髀算经》中，二十八宿被明确认为是沿着黄道排列的。这在《周髀算经》原文以及赵爽注文中都说得非常明白。《周髀算经》卷上第4节云：

月之道常缘宿，日道亦与宿正。

此处赵爽注云：

内衡之南，外衡之北，圆而成规，以为黄道，二十八宿列焉。

> 月之行也，一出一入，或表混里，五月二十三分月之二十而一道
> 一交，谓之合朔交会及月蚀相去之数，故曰"缘宿"也。日行黄
> 道，以宿为正，故曰"宿正"。

根据上下文来分析，可知上述引文中的"黄道"，确实与现代天文学中的黄道完全相同——黄道本来就是根据太阳周年视运动的轨道定义的。而且，赵爽在《周髀算经》第 6 节"七衡图"下的注文中，又一次明确地说：

> 黄图画者，黄道也，二十八宿列焉，日月星辰躔焉。

日月所躔，当然是黄道（严格地说，月球的轨道白道与黄道之间有 5° 左右的小倾角，但古人论述时常省略此点）。

其次，**在《周髀算经》中，测定二十八宿距星坐标的方案又是在地平坐标系中实施的**。这个方案详载于《周髀算经》卷下第 10 节中。由于地平坐标系的基准面是观测者当地的地平面，因此坐标系中的坐标值将会随着地理纬度的变化而变化，地平坐标系的这一性质使得它不能应用于记录天体位置的星表。但是《周髀算经》中试图测定的二十八宿各宿距星之间的距度，正是一份记录天体位置的星表，故从现代天文学常识来看，《周髀算经》中上述测定方案是失败的。另外值得注意的一点是，《周髀算经》中提供的唯一一个二十八宿距度数值——牵牛距星的距度为 8°，据研究却是袭自赤道坐标系的数值（按照《周髀算经》的地平方案此值应为 6°）。[1]

《周髀算经》在天球坐标问题上确实有很大的破绽：它既明确认为二十八宿是沿黄道排列的，却又试图在地平坐标系中测量其距度，而作为例子给出的唯一数值竟又是来自赤道系。这一现象值得深思，在它背后可能隐藏着某些重要线索。

---

[1] 薄树人："再谈《周髀算经》中的盖天说——纪念钱宝琮先生逝世十五周年"，载《自然科学史研究》，8 卷 4 期（1989）。

这里我们不妨顺便对黄道坐标问题再多谈几句。传统中国天学虽一直使用赤道坐标体系，却并非不知道黄道。黄道作为日月运行的轨道，只要天文学知识积累到一定程度，不可能不被知道。但是古代中国人却一直使用一种与西方不同的黄道坐标，现代学者称之为"伪黄道"。伪黄道虽然有着符合实际情况的黄道平面，却从来未能定义黄极。伪黄道利用从天球北极向南方延伸的赤经线与黄道面的相交点，来度量天体位置，这样所得之值与正确的黄经、黄纬都不相同。这一现象非常生动地说明了古代中国在几何学方面的落后。

6

反复研读《周髀算经》全书，给人以这样一种印象：即它的作者除了具有中国传统天文学知识之外，还从别处获得了一些新的方法——最重要的就是古代希腊的公理化方法（《周髀算经》是中国古代唯一一次对公理化方法的认真实践）；以及一些新的知识——比如印度式的宇宙结构、希腊式的寒暑五带知识之类。这些尚不知得自何处的新方法和新知识与中国传统天文学说不属于同一体系，然而作者显然又极为珍视它们，因此他竭力揉合二者，试图创造出一种中西合璧的新的天文学说。作者的这种努力在相当程度上可以说是成功的。《周髀算经》确实自成体系、自具特色，尽管也不可避免地有一些破绽。

那么，《周髀算经》的作者究竟是谁？ 他在构思、撰写《周髀算经》时有过何种特殊的际遇？《周髀算经》中这些异域天文学成分究竟来自何处？……所有这些问题现在都还没有答案。相对于后来的三次中西方天文学交流的高潮，《周髀算经》与印度及希腊天文学的关系显得更特殊、更突兀。也许冰山的一角正是如此。**我强烈感到，《周髀算经》背后极可能隐藏着一个古代中西方文化交流的大谜。**

7

然而,《周髀算经》和印度天文学的故事还没有完。到了梁武帝萧衍那里,又演出新的一幕——著名的长春殿讲义。

梁武帝在长春殿集群臣讲义事,应是中国文化史上非常值得注意的事件之一。古籍中对此事之记载见《隋书·天文志上》:

> 逮梁武帝于长春殿讲义,别拟天体,全同《周髀》之文。盖立新意,以排浑天之论而已。

现代学者通常不太注意此事。科学史家因其中涉及宇宙理论而论及此事,则又因上述记载中"全同《周髀》之文"一句,语焉不详,而产生误解。陈寅恪倒是从中外文化交流的角度注意到此事,其论云:

> (梁武帝之说)是明为天竺之说,而武帝欲持此以排浑天,则其说必有以胜于浑天,抑又可知也。隋志既言其全同盖天,即是新盖天说,然则新盖天说乃天竺所输入者。寇谦之、殷绍从成公兴、昙影、法穆等受周髀算术,即从佛教受天竺输入之新盖天说,此谦之所以用其旧法累年算七曜周髀不合,而有待于佛教徒新输入之天竺天算之学以改进其家世之旧传者也。[1]

陈氏之说中有合理的卓见——将梁武帝所倡盖天说与佛教及印度天学联系起来了,但是断言"武帝欲持此以排浑天,则其说必有以胜于浑天,抑又可知也",则过于武断了。当然,陈氏毕竟不是天文学史的专家,我们今日也不必苛求于他。

---

[1] 陈寅恪:"崔浩与寇谦之",载《金明馆丛稿初编》,上海古籍出版社,1980年版,第118页。

又日本学者山田庆儿之说：

山田庆儿将《开元占经》"天体宗浑"一篇径视为梁武帝之讲义。又谓长春殿讲义在建同泰寺之前，[1] 不知何据？其实此事既可在建同泰寺之前，亦可在之后。但他将梁武帝在讲义中所提倡的宇宙模式与同泰寺的建筑内容联系起来，则很有价值（详见下文）。

再看国内科学史家之说：

> 浑天说比起盖天说来，是一个巨大的进步。但是，在科学史上，常常会有要开倒车的人。迷信佛教的梁武帝萧衍，于公元525年左右在长春殿纠集了一伙人，讨论宇宙理论，这批人加上萧衍本人，竟全部反对浑天说赞成盖天说。[2]

由于此说出于中国天文学史方面的权威著作，影响甚广，成为不少论著承袭采纳的范本。在今天看来，此说因受时代局限，火药味太浓，自非持平之论。但其中给出了对长春殿讲义时间的一种推测，公元525年即普通六年。然而与山田庆儿认为在同泰寺落成之前的推测一样，也未给出根据。

以上诸说，各有其价值，但都未能深入阐发此事的背景与意义。这里有两个重要问题必须弄清：

1. 梁武帝在长春殿讲义中所提倡的宇宙理论的内容及其与印度天学之关系。

2. 为何《隋书·天文志》说长春殿讲义"全同《周髀》之文"？

第一个问题比较容易解决。梁武帝长春殿讲义的主要内容在《开元占经》卷一中得以保存下来。[3] 梁武帝一上来就用一大段夸张的铺陈

---

[1] （日）山田庆儿："梁武帝的盖天说与世界庭园"，载其论文集《古代东亚哲学与科技文化》，辽宁教育出版社，1996年版，第165页。按，此文标题中"世界庭园"似应译为"宇宙庭园"更妥。

[2] 中国天文学史整理研究小组：《中国天文学史》，第164页。

[3] 亦即《全梁文》卷六之《天象论》，字句与《开元占经》略有出入。

将别的宇宙学说全然否定：

> 自古以来谈天者多矣，皆是不识天象，各随意造。家执所说，人著异见，非直毫厘之差，盖实千里之谬。戴盆而望，安能见天？譬犹宅蜗牛之角而欲论天之广狭，怀蚌螺之壳而欲测海之多少，此可谓不知量矣！

如此论断，亦可谓大胆武断之至矣。特别应该注意到，此时浑天说早已取得优势地位，被大多数天学家接受了。梁武帝却在不提出任何天文学证据的情况下，断然将它否定，若非挟帝王之尊，实在难以服人。而梁武帝自己所主张的宇宙模式，同样是在不提出任何天文学证据的情况下作为论断给出的：

> 四大海之外，有金刚山，一名铁围山。金刚山北又有黑山，日月循山而转，周回四面，一昼一夜，围绕环匝。于南则现，在北则隐；冬则阳降而下，夏则阳升而高；高则日长，下则日短。寒暑昏明，皆由此作。

这样的宇宙模式和寒暑成因之说，在中国的浑天家看来是不可思议的。然而梁武帝此说，实有所本——我们根据本章第 3 节的内容早已知道，这就是古代印度宇宙模式之见于佛经中者。

第二个问题必须在第一个问题的基础上才能解决。梁武帝所主张的宇宙模式既然是印度的，《隋书·天文志》说梁武帝长春殿讲义"全同《周髀》之文"，如何理解？说成梁武帝欲向盖天说倒退是不通的，因为浑天、盖天都在梁武帝否定之列。还是根据本章第 3 节的内容，我们已经知道，《周髀算经》中的宇宙模式正是来自印度的！因此《隋书·天文志》这句话，其实是一个完全正确的陈述——只不过略去了中间环节。

8

同泰寺与梁武帝之关系，以往论者多将注意力集中于梁武帝在此寺舍身一层。近年日本学者山田庆儿撰长文，其中指出同泰寺之建构为摹拟佛教宇宙，当是此文最有价值之处。[1]

关于同泰寺最详细的记载见《建康实录》卷十七"高祖武皇帝"：

> 大通元年辛未，……帝创同泰寺，寺在宫后，别开一门，名大通门，对寺之南门，取返语"以协同泰"为名。帝晨夕讲义，多游此门。寺在县东六里。（案《舆地志》：在北掖门外路西，寺南与台隔，抵广莫门内路西。梁武普通中起，是吴之后苑，晋廷尉之地，迁于六门外，以其地为寺。兼开左右营，置四周池堑，浮图九层，大殿六所，小殿及堂十余所，宫各像日月之形。禅窟禅房，山林之内，东西般若台各三层，筑山构陇，亘在西北，柏殿在其中。东南有璇玑殿，殿外积石种树为山，有盖天仪，激水随滴而转。起寺十余年，一旦震火焚寺，唯余瑞仪、柏殿，其余略尽。即更构造，而作十二层塔，未就而侯景作乱，帝为贼幽馁而崩。）帝初幸寺，舍身，改普通八年为大通元年。

上述记载极重要，首先是指明了建造同泰寺的大体时间。关于此点又可参见《续高僧传》卷一"梁扬都庄严寺金陵沙门释宝唱传"：

> 大通元年，于台城北开大通门，立同泰寺。楼阁台殿拟则宸宫，九级浮图回张云表，山树园池沃荡烦积。

据此，则同泰寺落成于大通元年可知矣。

---

[1] （日）山田庆儿："梁武帝的盖天说与世界庭园"，载《古代东亚哲学与科技文化》，第165页。

顺便指出，梁武帝数次舍身于同泰寺，常被论者作为他佞佛臻于极致的证据，但其时帝王舍身佛寺，亦非梁武帝所独有之行为，如稍后之陈武帝、陈后主皆曾有同样举动。《建康实录》卷十九"高祖武皇帝"：

> 永定二年（公元558年）……五月辛酉，帝幸大庄严寺，舍身。壬戌，王公已下奉表请还宫。

又同书卷二十"后主长城公叔宝"：

> （太建十四年，公元582年）九月，设无碍大会于太极前殿，舍身及乘舆御服，又大赦天下。

这些舍身之举，看来更像是某种象征性的仪式，自然不是"敝屣万乘"之谓也。

同泰寺之建筑内容及形式，与梁武帝在长春殿讲义中所力倡的印度古代宇宙模式之间的关系，是显而易见的。然而上引《建康实录》中的记载还有值得进一步分析之处。

"东南有璇玑殿，……有盖天仪，激水随滴而转。"此为极重要之记载，应是印度佛教宇宙之演示模拟仪器。而"盖天仪"之名，在中国传统天学仪器中，尚未之见。其实整个同泰寺也正是一个巨大的、充满象征意义的"盖天仪"。至于此璇玑殿中之盖天仪，从中国古代天学仪器史的角度来说，也很值得进一步追索和探讨。

9

萧梁一代并未制定新的历法。《资治通鉴》卷一百四十七云，天监三年（公元504年）：

诏定新历，员外散骑侍郎祖暅奏其父冲之考古法为正，历不可改。至八年，诏太史课新旧二历，新历密，旧历疏。

天监九年（公元 510 年）始行祖冲之《大明历》。历既不可改，梁武帝令祖暅作《漏经》，更制刻漏。《隋书·天文志上》云：

至天监六年，武帝以昼夜百刻，分配十二辰，辰得八刻，仍有余分。乃以昼夜为九十六刻，一辰有全刻八焉。

众所周知，刻漏是古代一种重要的计时工具，作为天文仪器之一种，与浑仪等仪器一样被视为神圣之物。祖冲之父子是天文学家，负责制造刻漏自是顺理成章；历代有关刻漏的记载也大都收在《天文志》中。

新刻漏制成，太子中舍人陆倕有《新刻漏铭》一首，载《文选》卷五十六，其序有云：

天监六年，太岁丁亥，十月丁亥朔，十六日壬寅，漏成进御。以考辰正晷，测表候阴，不谬圭撮，无乖黍累。又可以校运算之暌合，辨分天之邪正；察四气之盈虚，课六历之竦密。

赞美了新漏制作之精，运用之妙——其中当然有很多是这类歌颂作品中常见的套话。对新制成的刻漏，梁武帝同时命令将昼夜时刻改成九十六刻。

中国古代以刻漏计时，传统的做法是将一昼夜分成一百刻，作为一种独立的计时系统，用百刻制原不会产生问题。但百刻制与另一种时间计量制度——时辰制之间没有简单的换算关系，从而带来诸多不便。这种不便在梁武帝之前至少已经存在了好几百年——只有汉哀帝时曾改行过一百二十刻——又在梁朝之后继续存在了一千多年，直到明末清初西洋天文学入华。故我们不能不问：何以偏偏梁武帝想到要改百刻制为九十六刻制？

《隋书·天文志》对此似乎给出了解释：为了与十二辰相配。这应该是梁武帝改革时刻制度的理由之一，但是为什么只有梁武帝想到了应该与十二辰相配而改用九十六刻，而其他历朝历代都对这种不配无动于衷？

事实上，梁武帝对刻漏制度的改革，与随佛教传入的印度天文历法有关。上节讨论到梁武帝因佞佛而欲以一种随佛教传入中土的印度古代宇宙模型取代当时占统治地位的"浑天说"，此为梁武帝关心并干预天学事务的一个重要例证，而改革刻漏制度则是梁武帝持域外天学干预天学事务之另一个重要例证。

《大方广佛华严经》（《大正新修大藏经》293号）卷十一云：

> 仁者当知，居俗日夜，分为八时，于昼与夕，各四时。异一一时，中又分四分，通计日夜三十二分。以水漏中，定知时分。昼四时者，自鸡鸣后，乃至辰前，为第一时。辰初分后，至午分初，为第二时。午中分后，乃至申前，为第三时。申初分后，至日没前，为第四时。

这一段佛经详细介绍了印度古代的一种民用时刻制度以及计时方法。其中一昼夜分为八时，每时又分为四分，这样一昼夜有三十二分。佛经还告诉我们印度古代也使用水漏计时。有些佛经中还有昼夜六时之说，如《佛说大乘无量寿庄严经》（《大正新修大藏经》363号）卷上云：

> 我得菩提成正觉已，我居宝刹，所有菩萨，昼夜六时，恒受快乐。

由此可知，在印度古代民用时刻制度有昼夜八时、昼夜六时两种。

《大方广佛华严经》又云：

> 我王精勤，不著睡眠。于夜四时，二时安静。第三时起，正

定其心，受用法乐。第四时中，外思庶类，不想贪嗔。自昼初时，先嚼杨枝，乃至祠祭，凡有十位。何者为十：一嚼杨枝，二净沐浴，三御新衣，四涂妙香，五冠珠鬘，六油涂足，七擐革屣，八持伞盖，九严持从，十修祠祭。

这里事件的进行是按照昼夜八时的时刻制度安排的。夜四时中，前二时"安静"，看来这不是一种睡眠状态，因为经中称"我王精勤，不著眠睡"。夜第三时起"正定其心，受用法乐"，这大概是一种伴有音乐的静坐状态。夜第四时中"外思庶类"，大概是思考国家大事一类。自昼初时开始，先嚼杨枝，乃至祠祭，一共有十件事要做。其中每做一件事，按照佛经之说法皆具有十功德。如"嚼杨枝"具有的十种功德为：

一销宿食，二除痰饮，三解众毒，四去齿垢，五发口香，六能明目，七泽润烟喉，八唇无皲裂，九增益声气，十食不爽味。

有人将"嚼杨枝"释为刷牙，虽不无道理，但从"嚼杨枝"的上述十种功德来说，显然具有医疗保健作用，功效应被认为远远大于刷牙。

以上十事要在昼初时前二分完成。然后在日初出时：

先召良医，候其安否，昼夜时分，服食量宜。次召历算，占候阴阳，风雨日辰，星月运数，行度差正，隐现灾祥，礼庆禳除，靡不诚告。中外款候，可以密闻。

与医生和天文学家的会谈之后，再接见群臣，共理朝政，一直到昼初时后二分完毕。然后于昼第二时"进御王膳"；第三时"沐浴游宴"；第四时，于王正殿置论座，请求大智慧沙门、婆罗门得道果者，演说正法，听闻其议。复集宿旧智臣，高道隐逸，询问国政，评其得失。

根据上述《大方广佛华严经》中的记述，我们可以列出一张比较详尽的佛国君王的作息时间表如下：

夜四时	初时至二时	安静
	三时	正定其心，受用法乐。
	四时	外思庶类，不想贪嗔。
昼四时	初时一分	先嚼杨枝。
	初时二分	乃至祠祭，共十事。
	初时三分	先召良医，次召历算。
	初时四分	再集群臣，共理朝政。
	二时	进御王膳。
	三时	沐浴游宴。
	四时	请求大智慧沙门、婆罗门得道果者，演说正法；集宿旧智臣，高道隐逸，询问国政。

  这样一张行事时间表，显然是佛教观点所认为的一个好君王应该遵循的。梁武帝笃信佛教，可以想见他对佛国君王的风采一定仰慕之至，对他们的生活方式也极力模仿。据武帝《净业赋》中的自述：

> 朕布衣之时，……随物肉食，不识菜味。及至南面，富有天下，远方珍羞，贡献相继；海内异食，莫不必至。……何心独甘此膳，因尔蔬食，不啖鱼肉。

又《梁书·武帝纪》：

> 日止一食，膳无鲜腴，惟豆羹粝饭而已。庶事繁拥，日倘移中，便嗽口以过。身衣布衣，木绵帛帐，一冠三载，一被二年。常克俭于身，凡皆此类。五十外便断房室。

又《建康实录》卷十七"高祖武皇帝"：

> 年五十九，即断房室。六宫无锦绣之饰，不饮酒，不听音乐。

《资治通鉴》卷一百五十九梁纪十五大同十一年条，也有类似的记载：

> 自天监中用释氏法，长斋断鱼肉。日止一食，惟菜羹粝饭而已。或遇事繁，日移中则嗽口以过。

在以上记载中，我们看到梁武帝自登基之后，就开始不食荤腥，并坚持"日止一食，过午不食"这一佛教僧侣的戒律。如遇事繁多，已经过了正午来不及吃饭，竟漱漱口就度过这一天。在前述的佛国君王作息时间表中，进膳时刻在第二时中，也符合"过午不食"的规定。五十几岁后又禁断了性生活。贵为帝王、富有天下而如此行事，只能解释为他对佛教的虔诚，并且其程度之深几乎不近人情。

梁武帝对于佛国著名君王迦腻色迦王、孔雀明王的事迹必有所闻，于是思而慕之，仿而效之，立志使梁国境内成为佛的净土。武帝于天监十六年（公元517年）下了一系列诏书，意在弘扬佛法（俱见《资治通鉴》卷一百四十八）：

> 三月丙子，敕织官，文锦不得为仙人鸟兽之形。为其裁剪，有乖仁恕。夏四月，诏以宗庙用牲，有累冥道，宜皆以面为之。以大脯代一元大武。冬十月，诏以宗庙犹用脯修，更议代之，于是以大饼代大脯，其余尽用蔬果。

布上不要织仙人和鸟兽的图形，只不过服饰图案中少几种花样，但宗庙去牲，兹事体大，与中国传统观念发生严重冲突，一时朝野哗然，士大夫们认为这是祖先"不复血食"，而不祭祀列祖列宗，自己的子孙将来也不祭祀自己，这与断子绝孙又有何异？但武帝固执己见，甚至在冬十月的诏书中命令宗庙祭祀连脯（干肉）也不能用，用大饼代替。梁武帝还从沙门之请，令"丹阳、琅琊二境水陆并不得搜捕"（《广弘明集》卷二十六）。虽然对这条禁令有反对意见，但最后还是执行了。又据《资治通鉴》卷一百四十九："普通二年（公元521年）春，置孤独园于建康，以牧养穷民。"对这些胡三省评道：

> 古者鳏寡孤独废疾者有养。帝非能法古也，祖释氏须达多长
> 者之为耳。

从上述这些梁武帝的事迹可知，他在极力使自己成为一个符合佛教教义的好君王。

梁武帝既然立志弘法，并且身体力行，在行动上以僧戒严以律己，因此对前文所述的这样一张佛国君王的作息时间表自会严格遵守。从前文我们也知道，随佛经传来的这张时刻表是用印度民用时刻制度（昼夜八时）来安排的。同时我们可以推断，梁武帝乐于遵守的某些佛教戒律中有关行事时刻方面的规定，也理所当然地用印度民用时刻制度来安排的。

然而，虽然印度与中土都是用水漏来计时，但中土刻漏单位是将昼夜分为一百刻，而印度民用则分昼夜为八时（或六时）。刻度单位不一致，就不能方便地按照佛经中所讲的正确时刻来行事。所以在梁武帝看来，将百刻改为与印度八时（或六时）制有简单换算关系的九十六刻是非常必要的。而且九十六刻与中国古代的十二时辰也有简单的换算关系，与百刻也相近，不至于改革前后每刻的实际长度有很大变化。因此九十六刻是比较理想的选择。

或许有人会问，印度古代君王行事的时间性要求真有这样严格吗？以至梁武帝模仿他们行事时，时刻制度也要作相应的改变？其实对君王的某些行事在时刻上的严格要求，在古代各民族文化中也是屡见不鲜的。中国古代对帝王行事也有一套择日、择吉学说。在印度古代，对各种宗教仪式举行时刻的确定需要达到很高的精度。对这些时刻的确定几乎成了印度古代天文学存在的唯一目的。[1] 这里可以举一种印度古代的宗教祭祀为例，以说明准时的重要性。《罗摩衍那》第三篇

---

[1]　D.Pingree：*History of Mathematical Astronomy in India*，p.629.

第十五章第六节云：

> 人们举行阿耆罗衍那祭，
> 来向祖先和神仙致敬；
> 按时举行这祭祀的人们，
> 身上的罪孽全涤除干净。[1]

阿耆罗衍那梵文作 Āgrayana，是印度古代祭祀的一种。注意这里强调了"按时"举这种祭祀，才可以将身上的罪孽全部涤除干净。可见准时这一点的重要性。梁武帝心仪天竺佛国，对佛教的一系列祭祀活动必然也全身心投入，而举行这种祭祀活动的时刻是用印度时刻制度规定的，所以为了正确无误地举行祭祀活动，以求得佛祖的保佑，将百刻改为九十六刻看来是必然的选择。

　　梁武帝于大同十年（公元 544 年）又将九十六刻改为一百零八刻，这样九十六刻制行用了三十七年。一百零八刻与六时制、十二时辰制也有简单的换算关系，与八时制有比较简单的换算关系。

　　梁代以后，各代仍恢复使用百刻制，直到明末清初西洋历法来华。西洋民用计时制度为二十四小时制，与中国十二时辰制也相匹配，在这种情况下，九十六刻制又被重新启用，成为清代官方的正式时刻制度。现今通行的小时制度，一小时合四刻，一昼夜正好是九十六刻——这正是梁武帝当年的制度！遥想梁武帝当年，焉能料到自己的改革成果，在千余年后又会复活？

　　意味深长的是，梁代和清代两次改百刻为九十六刻，都受到了外来天文学的影响。清代受欧洲天文学的影响，梁代则受到了随佛教传来中土的印度古代天文学的影响。

---

[1]　蚁蛭著，季羡林译：《罗摩衍那》，人民文学出版社，1992 年版，第 97—98 页。

第九章 古代天学之中外交流（下）

古代印度天文学的五个时期 /《七曜攘灾诀》传奇 / 佛教密宗禳祈之术却成罕见科学遗产 / 巴比伦→印度→中国→日本 / 耶律楚材与丘处机在中亚的天文活动 / 马拉盖天文台上的中国学者是谁？/ 双语的天文学文献 / 扎马鲁丁和他送来的七件西域仪器 / 回回司天台上的异域天文学书籍 / 伊斯兰天文学是否影响了郭守敬？

1

虽然《周髀算经》中盖天宇宙模型与古代印度的宇宙模型如此相像，几乎可以肯定两者是同出一源的，尽管目前我们尚未发现两者之间相互传播的途径和过程。但是在另外一些传播事件中，则证据确凿，传播的途径和过程都很明确。不过我们在下面几节考察一个这样的例证之前，先要对古代印度天文学发展的时间表有一个大致的了解——在正确的时间背景之下，事件本身及其意义才更容易被理解。

按照著名学者 D. Pingree 的意见，[1] 古代印度天文学可以分为如下五个时期：

1. 吠陀天文学时期（约公元前 1000—400 年）。这是印度本土天文学活跃的时期。主要表现为对各种各样时间周期（yuga）的认识，以及月站体系（naksatyas）的确立——月站的含义是每晚月亮到达之处，有点像中国古代的二十八宿体系。[2] 这些天文学内容主要记载在各种《吠陀》文献中。

---

[1] D. Pingree, *History of Mathematical Astronomy in India*, p.534.

[2] 关于中国古代二十八宿体系的起源问题，一直有大量不同意见，有关线索可参见《天学真原》，第 302—313 页。

2. 巴比伦时期（约公元前 400 年—200 年）。这一时期大量巴比伦的天文学知识传入印度，许多源自巴比伦的天文参数、数学模型（最有代表性的例证之一是巴比伦的"折线函数"）、时间单位、天文仪器等出现在当时的梵文经典中。

3. 希腊化巴比伦时期（约公元 200—400 年）。巴比伦地区塞琉古王朝时期的天文学，经希腊人改编后，在这一时期传入印度，包括对行星运动的描述、有关日月交食和日影之长的几何计算等。

4. 希腊时期（约公元 400—1600 年）。发端于一种受亚里士多德主义影响的非托勒密传统的希腊天文学之传入，是为真正的希腊天文学传入印度之始。在希腊天文学的影响之下，印度天文学名家辈出，经典繁多，先后形成五大天文学派：

婆罗门学派（Brāhmapakṣa）

雅利安学派（Āryapakṣa）

夜半学派（Ārdharatikapakṣa）

太阳学派（Saurapakṣa）

象头学派（Gaṇśapakṣa）

5. 伊斯兰时期（公元 1600—1800 年）。顾名思义，是受伊斯兰天文学影响的时期。而伊斯兰天文学的远源，则仍是希腊。

在上面的时间表中，尽管后四个时期皆深受外来影响，但印度本土的天文学成分仍然一直存在。这就使得古代印度天文学扮演了这样一个角色：一方面它传入中土时有着明显的印度特色，另一方面却又能够从它那里找到巴比伦和希腊的源头。

2

佛经《七曜攘灾诀》，是一部公元 9 世纪由入华印度婆罗门僧人编撰的汉文星占学手册，也是世界上最古老的行星星历表之一。这一经品的身世不同凡响——它在古代东西方文化交流史上扮演了极为生动的角色，追溯起来饶有趣味。四十多年前李约瑟就呼吁要对这一文献进行专题研究，他本人可能因专业局限，力有未逮。后有日本学者矢野道雄对此进行过研究。数年前我的研究生钮卫星博士对《七曜攘灾诀》进行了全面研究，使这一珍贵文献的历史面目更清晰地呈现出来。[1]

《七曜攘灾诀》的作者金俱吒，只能从经首题名处知道是"西天竺婆罗门僧"，在唐朝活动的时间约为公元9世纪上半叶。这一时期来华的印度、西域僧人，不少人在《宋高僧传》中有传，可惜其中没有金俱吒之传，其人的详细情形不得而知。

《七曜攘灾诀》撰成之后，并未能在中国保存传世。现今所能见到的文本，是靠日本僧人在唐代从中国"请"去而得以传抄流传下来的。当年日本僧人宗睿，于唐咸通三年（公元862年）入唐求法，四年后返回，带去了大量佛教密宗的经典。密宗在唐代由中土传至日本，延续至今，即所谓"东密"。宗睿从中土带去的经典，有《书写请来法门等目录》（即《请来录》）记载之，《七曜攘灾诀》即在其中。

现今各种比较常见的佛教《大藏经》中，惟日本的《大正新修大藏经》及民国初年修成的《频伽藏》中有《七曜攘灾诀》，两者可能来自同一母本（《频伽藏》虽修成于上海，但主要也是参考日本的《弘教藏》）。《大正藏》较晚出，其中已对经文中的错漏之处作了部分初步校注。经文卷末署有"长保元年三年五日"；"长保"为日本年号，长保元年即公元999年，此日期当是现存《七曜攘灾诀》所参照之母本抄录的年代。

《七曜攘灾诀》在日本流传的文本不止一种。《大正藏》本之末有日本丰山长谷寺沙门快道的题记，其中云：

> 宗睿《请来录》云：《七曜攘灾诀》一卷。见诸本题额在两处，云卷上卷中，而合为一册。今检校名山诸刹之本，文字写误不少，

———————————

[1]　钮卫星："汉译佛经中所见数理天文学及其渊源——以《七曜攘灾诀》天文表为中心"，中国科学院上海天文台硕士论文，上海，1993。

而不可读者多矣。更请求洛西仁和寺之藏本对考，非全无犹豫，粗标其异同于冠首，以授工寿梓。希寻善本点雌雄，令禳灾无差。时享和岁此壬戌仲夏月。

享和二年，岁次壬戌，即公元 1802 年。现在流行的《七曜攘灾诀》文本即快道点校刊刻之本。这一文本只有卷上和卷中，没有卷下。不过从卷上和卷中的内容看来，作为一种星占学手册已经完备，故卷下即或有之，也很可能只是附录之类，去之并不损害其完整性。

3

佛教密宗极重天学，盛行根据天上星宿之运行而施攘灾祈福之术。《七曜攘灾诀》，顾名思义，正是根据日、月和五大行星（即"七曜"）等星辰的运行来占灾、攘灾的星占学手册。

经文卷上一开头，就按照日、月、木星、火星、土星、金星、水星的顺序，将此七曜在一年不同季节中行至人的"命宫"（根据此人出生时刻定出的一片天区）所导致的吉凶，依次开列出来，称为"占灾攘之法"。举木星为例：

> 木星者东方苍帝之子，十二年一周天。所行至人命星：
> 春至人命星：大吉，合加官禄、得财物。
> 夏至人命星：合生好男女。
> 秋至人命星：其人多病及折伤。
> 冬至人命星：得财则大吉。
> 四季至人命星：其人合有虚消息及口舌起。
> 若至人命星起灾者，当画一神形，形如人，人身龙头，著天衣随四季色，当项带之；若过其命宫宿，弃于丘井中，大吉。

接下来，是"七曜旁通九执至行年法"，北斗七星和九曜的"念诵真言"，以及"一切如来说破一切宿曜障吉祥真言"。九执、九曜，意义相同，皆指日月五星再加上罗睺、计都这两个"隐曜"——此两曜是《七曜攘灾诀》中的大节目，留待下文再论。

密宗自中土传入日本后，经过一二百年的酝酿发展，声势渐大，至公元 1000 年左右已经流传甚广。《大正藏》中的《七曜攘灾诀》文本正是极好的历史见证：经中的星历表是一种可以循环使用的周期性工具，现今的文本上已被标注了许多日本年号以及纪年干支，年号有二十七种之多，最早者为公元 973 年，最晚者为公元 1132 年；连续的纪年干支更延续到 1170 年。标注年号和干支是《七曜攘灾诀》作为星占学手册被频繁使用的需要和结果。

《七曜攘灾诀》的主体，实际上是一系列星历表。星历表是根据天体的运行规律，选择一定的时段作为一个周期，然后详细列出该天体在这一周期之内的视运动变化情况。这样，从理论上说，当周期终了时，天体运行又将开始重复周期开头的状况，如此循环往复，星历表可以长期使用。对于行星而言，通常首先被考虑的是"会合周期"。在"会合周期"中，每个外行星的运行情况都被分成"顺行→留→逆行→留→顺行→伏"等阶段。举《七曜攘灾诀》对木星会合周期的描述为例：

> 木星……初晨见东方，六日行一度，一百一十四日顺行十九度；乃留而不行二十七日；遂逆行，七日半退一度，八十二日半退十一度；则又留二十七度；复顺行，一百一十四日行十九度而夕见；伏于西方；伏经三十二日又晨见如初。

这些描述和表达方式，都与中国当时的传统历法相似。

会合周期只是古人描述行星运动的小周期，小周期又可以组合成大周期——因为各行星的会合周期并非恰好等于一年，而描述天体运动又必须使用人间的年、月、日来作时间参照系，所以需要将小周期组合成整年数的较大周期。《七曜攘灾诀》对五大行星分别选定如下大周期：

木星: 83 年（公元 794—877 年）

火星: 79 年（公元 794—873 年）

土星: 59 年（公元 794—853 年）

金星: 8 年（公元 794—802 年）

水星: 33 年（公元 794—827 年）

被选为历元的唐德宗贞元十年（公元 794 年），所有的周期都从这一年开始计算。在这些周期之内，《七曜攘灾诀》给出了相当详细的行星位置记录；根据这些记录，现代研究者根据天体力学的定律回推当时的实际天象，就可以检验《七曜攘灾诀》中星历表的精确程度。研究表明：从作为历元的公元 794 年开始，在第一个大周期中，星历表中各行星的位置与实际天象之间符合得很好。但在以后的大周期中，误差逐渐积累，精确程度就渐渐变差，这在古代本是难以避免之事。而从其上标注的日本年号和纪年干支来推测，使用《七曜攘灾诀》的日本星占学家似乎对这些误差不太在意——对于祈福攘灾来说，与实际天象之间的出入可以暂不理会。

《七曜攘灾诀》中星历表的特殊的科学史价值在于，迄今为止，这种逐年推算出行星位置的星历表在中国古代仍是仅见的两份之一。中国古代的传统是只给出行星在一个会合周期中的动态情况表，历代正史中《律历志》内的"步五星"，给出的都只是这种表。要想知道某时刻的行星位置，必须据此另加推算。马王堆帛书《五星占》或许可算一个这种推算的例子，但《五星占》给出的周期很短，且不完整。非常巧合的是，马王堆《五星占》中数据最完整丰富的金星，周期也是八年，与《七曜攘灾诀》中一样。

除了行星星历表，《七曜攘灾诀》中的另一重要部分是罗睺、计都星历表。这是印度古代天文学中两个假想天体，故谓之"隐曜"。《七曜攘灾诀》分别为它们选定了 93 年和 62 年的周期，选定的历元是元和元年（公元 806 年）。

关于《七曜攘灾诀》中的罗睺、计都星历表，特别值得提出的是它们有助于澄清国内长期流传的一个误解。以往国内的权威论著，都将罗睺、计都理解为白道（月球运行的轨道在天球上的投影）的升交点（白道由南向北穿越黄道之点）和降交点（白道由北向南穿越黄道之点）。这一误解虽然在中国古籍中不无原因可寻，却是完全违背古代印度天文学中罗睺、计都之本意的。加之流传甚广，而且几乎从未有不同的声音出现，故而误认不浅。[1] 而由《七曜攘灾诀》中所给此两假想天体的星历表以及有关说明，可以毫无疑问地确定：[2]

罗睺：白道的升交点。

计都：白道的远地点（月球运行到离地最远之点）。

<h1 style="text-align:center">4</h1>

《七曜攘灾诀》出于来华的印度婆罗门僧人之手，所据却又并非仅是印度古代的天文学。

《七曜攘灾诀》行星星历表中的外行星周期，其年数都是会合周期数与恒星周期数的线性组合（例如木星的 83 年 =76 会合周期 +7 恒星周期），这些数据都和古代印度天文学的婆罗门学派中 Brahmagupta 的著作（约成于公元 7 世纪）有渊源。而这类组合周期，正是塞琉古王朝（公元前 312—64 年）时期两河流域巴比伦天文学家所擅长的方法。印度天文学中的许多行星运动数据都有巴比伦渊源。

而且《七曜攘灾诀》行星星历表在描述一个会合周期内行星运动情况时，是从行星初次在东方出现开始，这一作法与古代巴比伦、希腊、印度的作法完全一致；《七曜攘灾诀》中一些有关数据，甚至在数值上也与印度古代传自巴比伦及希腊的天文学文献相符合。许多线索

---

[1]　例如，中国天文学史整理研究小组：《中国天文学史》，第 135 页；《中国大百科全书》天文学卷，中国大百科全书出版社，1980 年版，第 513 页；李约瑟：《中国科学技术史》第四卷，第 12 页、第 137 页，都重复着这一错误说法。

[2]　详细的论证见钮卫星："罗睺、计都天文含义考源"，载《天文学报》，35 卷 3 期（1994）。

都清楚表明，《七曜攘灾诀》有着如下的历史承传路线：

巴比伦→印度→中国→日本

这条路线东西万里，上下千年，确实是古代世界东西方科学文化交流史上一幕壮观的景象。

而且，上面这一幕景象并非孤立。在以往的研究中，我们已经考察了许多与此有关的事例。例如塞琉古王朝时期的巴比伦数理天文学，以折线函数、二次差分等数学方法为特征，其太阳运动理论、行星运动理论，以及天球坐标、月球运动、置闰周期、日长计算等等内容，都在中国隋唐之际的几部著名历法中出现了踪迹或相似之处。[1] 又如南朝何承天，曾从徐广和释慧严接触并学习了印度天文历法，其《元嘉历》（公元 443 年）中有"以雨水为气初"、"为五星各利后元"等项新颖改革，可以在印度天文历法中找到明确的对应做法。[2] 再如唐代有所谓"天竺三家"，皆为来华之印度天学家，或其法在唐代皇家天学机构中与中国官方历法参照使用，或其人在唐代皇家天学机构中世代袭任要职。[3] 这些事例共同构成了那个时代中西天文学交流的广阔背景。

5

随着横跨欧亚大陆的蒙古帝国兴起，多种民族和多种文化经历了

---

[1] 关于这些问题的详细论证，可参见江晓原的系列论文："从太阳运动理论看巴比伦与中国天文学之关系"，《天文学报》，29 卷 3 期（1988）；"巴比伦与古代中国的行星运动理论"，《天文学报》，31 卷 4 期（1990）；"巴比伦—中国天文学史上的几个问题"，《自然辩证法通讯》，12 卷 4 期（1990）。

[2] 参见钮卫星、江晓原："何承天改历与印度天文学"，《自然辩证法通讯》，19 卷 1 期（1997）。

[3] 参见江晓原：《天学真原》，第 361—370 页。

一次整合，中外天文学交流又出现新的高潮。关于这一时期中国天文学与伊斯兰天文学之间的接触，中外学者虽曾有所论述，但其中不少具体问题尚缺乏明确的线索和结论。从本节起我大体按照年代顺序，对六个较为重要的问题略加考述。

首先应该考察耶律楚材与丘处机在中亚地区的天文活动。这一问题前贤似未曾注意过，其实意义十分重大。

耶律楚材（公元1189—1243年）本为契丹人，辽朝王室之直系子孙，先仕于金，后应召至蒙古，于公元1219年作为成吉思汗的星占学和医学顾问，随大军远征西域。在西征途中，他与伊斯兰天文学家就月蚀问题发生争论，《元史·耶律楚材传》载其事云：

> 西域历人奏：五月望，夜月当蚀；楚材曰否，卒不蚀。明年十月，楚材言月当蚀；西域人曰不蚀，至期果蚀八分。

此时发生于成吉思汗出发西征之第二年即1220年，这可由《元史·历志一》中"庚辰岁，太祖西征，五月望，月蚀不效……"的记载推断出来。[1]发生的地点为今乌兹别克斯坦境内的撒马尔罕（Samarkand），这可由耶律楚材自撰的西行记录《西游录》[2]中的行踪推断出来。

耶律楚材在中国传统天文学方面造诣颇深。元初承用金代《大明历》，不久误差屡现，上述1220年五月"月蚀不效"即为一例。为此耶律楚材作《西征庚午元历》（载于《元史·历志》之五至六），其中首次处理了因地理经度之差造成的时间差，这或许可以看成西方天文学方法在中国传统天文体系中的影响之一例——因为地理经度差与时间差的问题在古希腊天文学中早已能够处理，在与古希腊天文学一脉相承的伊斯兰天文学中也是如此。

据另外的文献记载，耶律楚材本人也通晓伊斯兰历法。元陶宗仪

---

[1] "太祖"原文误为"太宗"，但太宗在位之年并无庚辰之岁，故应从《历代天文律历等志汇编》，中华书局，1976年版，第9册，第3330页之校改。

[2] 《西游录》，向达校注，中华书局，1981年版。

《南村辍耕录》卷九"麻答把历"条云：

> 耶律文正工于星历、筮卜、杂算、内算、音律、儒释。异国
> 之书，无不通究。常言西域历五星密于中国，乃作《麻答把历》，
> 盖回鹘历名也。

联系到耶律楚材在与"西域历人"两次争论比试中都占上风一事，可
以推想他对中国传统的天文学方法和伊斯兰天文学方法都有了解，故
能知己知彼，稳操胜算。

约略与耶律楚材随成吉思汗西征的同时，另一位著名的历史人物
丘处机（公元 1148—1227 年）也正在他的中亚之行途中。他是奉召前
去为成吉思汗讲道的。丘处机于 1221 年岁末到达撒马尔罕，几乎可以
说与耶律楚材接踵而至。丘处机在该城与当地天文学家讨论了这年五月
（公历 5 月 23 日）发生的日偏食，《长春真人西游记》卷上载其事云：

> 至邪米思干（按即撒马尔罕）……时有算历者在旁，师（按
> 指丘处机）因问五月朔日食事。其人云：此中辰时至六分止。师
> 曰：前在陆局河时，午刻见其食既；又西南至金山，人言巳时食至
> 七分。此三处所见各不同。……以今料之，盖当其下即见其食既，
> 在旁者则千里渐殊耳。正如以扇翳灯，扇影所及，无复光明，其
> 旁渐远，则灯光渐多矣。

丘处机此时已 73 岁高龄，在万里征途中仍不忘考察天文学问题，足见
他在这方面兴趣之大。他对日食因地理位置不同而可见到不同食分的
解释和比喻，也完全正确。

耶律楚材与丘处机都在撒马尔罕与当地天文学家接触和交流，这一
事实看来并非偶然。150 年之后，此地成为新兴的帖木儿王朝的首都，
到乌鲁伯格（Ulugh Beg）即位时，此寺建起了规模宏大的天文台（1420
年），乌鲁伯格亲自主持其事，通过观测，编算出著名的《乌鲁伯格天

文表》——其中包括西方天文学史上自托勒密之后千余年间第一份独立的恒星表。[1] 故撒马尔罕当地，似乎长期存在着很强的天文学传统。

6

公元 13 世纪中叶，成吉思汗之孙旭烈兀（Hulagu，或作 Hulegu）大举西正，于 1258 年攻陷巴格达，阿拔斯朝的哈里发政权崩溃，伊儿汗王朝勃然兴起。在著名伊斯兰学者纳速拉丁·图思（Nasir al-Din al-Tusi）的襄助之下，旭烈兀于武功极盛后大兴文治。伊儿汗朝的首都马拉盖（Maragha，今伊朗西北部大不里士城南）建起了当时世界第一流的天文台（公元 1259 年），设备精良，规模宏大，号称藏书四十余万卷。马拉盖天文台一度成为伊斯兰世界的学术中心，吸引了世界各国的学者前去从事研究工作。

被誉为科学史之父的萨顿博士（G.Sarton）在他的科学史导论中提出，马拉盖天文台上曾有一位中国学者参加工作；[2] 此后这一话题常被西方学者提起。但这位中国学者的姓名身世至今未能考证出来。萨顿之说，实出于多桑（C.M.D'Ohsson）《蒙古史》，此书中说曾有中国天文学家随旭烈兀至波斯，对马拉盖天文台上的中国学者则仅记下其姓名音译（Fao-moun-dji）。[3] 由于此人身世无法确知，其姓名究竟原是哪三个汉字也就只能依据译音推测，比如李约瑟著作中采用"傅孟吉"三字。[4]

再追溯上去，多桑之说又是根据一部波斯文的编年史《达人的花园》而来。此书成于 1317 年，共分九卷，其八为《中国史》。书中有

---

[1] 托勒密的恒星表载于《至大论》中，此后西方的恒星表都只是在该表基础上作一些岁差改正之类的修订而得，而非独立观测所得。还有许多人认为托勒密的星表也只是在他的前辈希巴恰斯（Hipparchus）的恒星表上加以修订而成的。

[2] G. Sarton : Introduction to the History of Science, W. & W., Baltimore, Vol.2, 1931, p.1005.

[3] D'Ohsson：《多桑蒙古史》，冯承钧译，中华书局，1962 年版，下册，第 91 页。

[4] 李约瑟：《中国科学技术史》第一卷，科学出版社、上海古籍出版社，1990 年版，第 226 页。

如下一段记载：

> 直到旭烈兀时代，他们（中国）的学者和天文学家才随同他一同来到此地（伊朗）。其中号称"先生"的屠密迟，学者纳速拉丁·图思奉旭烈兀命编《伊儿汗天文表》时曾从他学习中国的天文推步之术。又，当伊斯兰君主合赞汗（Ghazan Mahmud Khan）命令纂辑《被赞赏的合赞史》时，拉施德丁（Rashid al-Din）丞相召至中国学者名李大迟及倪克孙，他们两人都深通医学、天文及历史，而且从中国随身带来各种这类书籍，并讲述中国纪年，年数及甲子是不确定的。[1]

关于马拉盖天文台的中国学者，上面这段记载是现在所能找到的最早史料。"屠密迟"、"李大迟"、"倪克孙"都是根据波斯文音译悬拟的汉文姓名，具体为何人无法考知。"屠密迟"或当即前文的"傅孟吉"——编成《伊儿汗天文表》正是纳速拉丁·图思在马拉盖天文台所完成的最重要业绩；由此还可知《伊儿汗天文表》（又称《伊儿汗历数书》，波斯文原名作 Zij Il-Khani）中有着中国天文学家的重要贡献在内。这里我们总算看到了中西天文学交流史上一个"由东向西"的例子，或当稍可告慰前面提到的义愤之士矣。

最后还可知，由于异国文字的辗转拼写，人名发音严重失真。要确切考证出"屠密迟"或"傅孟吉"究竟是谁，恐怕只能依赖汉文新史料的发现了。

7

李约瑟曾引用瓦格纳（Wagner）的记述，谈到昔日保存在俄国著

---

[1] 韩儒林编:《中国通史参考资料》古代部分第六册（元），中华书局，1981 年版，第 258 页。引用时对译音所用汉字作了个别调整。

名的普耳科沃天文台的两份手抄本天文学文献。两份抄本的内容是一样的，皆为从 1204 年开始的日、月、五大行星运行表，写就年代约在公元 1261 年。值得注意的是两份抄本一份为阿拉伯文（波斯文），一份则为汉文。1261 年是忽必烈即位的第二年，李约瑟猜测这两份抄本可能是札马鲁丁和郭守敬合作的遗物。但因普耳科沃天文台在第二次世界大战中曾遭焚毁，李氏只能希望这些手抄本不致成为灰烬。[1]

在此之前，萨顿曾报道了另一件这时期的双语天文学文献。这是由伊斯兰天文学家撒马尔罕第（Ata ibn Ahmad al-Samarqandi）于 1326 年为元朝一王子撰写的天文学著作，其中包括月球运动表。手稿原件现存巴黎，萨顿还发表了该件的部分书影，从中可见此件阿拉伯正文旁附有蒙文旁注，标题页则有汉文。[2] 此元朝的蒙古王子，据说是成吉思汗和忽必烈的直系后裔阿剌忒纳。[3]

8

元世祖忽必烈登位后第七年（公元 1267 年），伊斯兰天文学家札马鲁丁进献西域天文仪器七件。七仪的原名音译、意译、形制用途等皆载于《元史·天文志》，曾引起中外学者极大的研究兴趣。由于七仪实物早已不存，故对于各仪的性质用途等，学者们的意见并不完全一致。兹将七仪原名音译、意译（据《元史·天文志》）、哈特纳（W.Hartner）所定阿拉伯原文对音，并略述主要研究文献之结论，依次如下：

1. "咱秃哈剌吉（Dhatu al-halaq-i）汉言浑天仪也"。李约瑟认为是赤道式浑仪，中国学者认为应是黄道浑仪，[4] 是古希腊天文学中的经典观测仪器。

---

[1] 李约瑟：《中国科学技术史》第四卷，第 475 页。

[2] G. Sarton：*Introduction to the History of Science*, Vol. 3, 1947, p.1529.

[3] 同引注 [1]

[4] 中国天文学史整理研究小组编著：《中国天文学史》，第 200 页。

2."咱秃朔八台（Dhatu'sh-shu 'batai），汉言测验周天星曜之器也"。中外学者都倾向于认为即托勒密在《至大论》（*Almagest*）中所说的长尺（Organon parallacticon）。[1]

3."鲁哈麻亦渺凹只（Rukhamah-i-mu'-wajja），汉言春秋分晷影堂"。用来测求春、秋分准确时刻的仪器，与一座密闭的屋子（仅在屋脊正东西方向开有一缝）连成整体。

4."鲁哈麻亦木思塔余（Rukhamah-i-mustawiya），汉言冬夏至晷影堂也"。测求冬夏至准确时刻的仪器，与上仪相仿，也与一座屋子（屋脊正南北方向开缝）构成整体。

5."苦来亦撒麻（Kura-i-sama），汉言混天图也"。中外学者皆无异议，即中国与西方古代都有的天球仪。

6."苦来亦阿儿子（Kura-i-ard），汉言地理志也"。即地球仪，学者也无异议。

7."兀速都儿剌（al-Usturlab），汉言定昼夜时刻之器也"。实即中世纪在阿拉伯世界与欧洲都十分流行的星盘（astrolabe）。

上述七仪中，第1、2、5、6皆为在古希腊天文学中即已成型并采用者，此后一直承传不绝，阿拉伯天文学家亦继承之；第3、4种有着非常明显的阿拉伯特色；第7种星盘，古希腊已有之，但后来成为中世纪阿拉伯天文学的特色之一——阿拉伯匠师制造的精美星盘久负盛名。如此渊源的七件仪器传入中土，意义当然非常重大。

札马鲁丁进献七仪之后四年，忽必烈下令在上都（今内蒙古多伦东南境内）设立回回司天台（公元1217年），并令札马鲁丁领导司天台工作。及全元亡，明军占领上都，将回回司天台主要人员征召至南京为明朝服务，但是该台上的仪器下落，却迄今未见记载。由于元大都太史院的仪器都曾运至南京，故有的学者推测上都回回司天台的西域仪器也可能曾有过类似经历。但据笔者的看法，两座晷影堂以及长尺之类，搬运迁徙的可能性恐怕非常之小。

---

[1] Ptolemy：*Almagest*, V, 12。以及李约瑟《中国科学技术史》第四卷，第478页所提供的文献。

这位札马鲁丁是何许人，学者们迄今所知甚少。国内学者基本上倾向于接受李约瑟的判断，认为札马鲁丁原是马拉盖天文台上的天文学家，奉旭烈兀汗或其继承人之派，来为元世祖忽必烈（系旭烈兀汗之兄）效力的。[1] 最近有一项研究则提出：札马鲁丁其人就是拉施特（即本文前面提到的"拉施德丁丞相"）《史集》（Jami'al-Tawarikh）中所说的 Jamal al-Din（札马剌丁），此人于 1249—1252 年间来到中土，效力于蒙哥帐下，后来转而为忽必烈服务，忽必烈登大汗之位后，又将札马鲁丁派回伊儿汗国，去马拉盖天文台参观学习，至 1267 年方始带着马拉盖天文台上的新成果（七件西域仪器，还有《万年历》）回到忽必烈宫廷。[2]

9

上都的回回司天台，既然与伊儿汗王朝的马拉盖天文台有亲缘关系，又由伊斯兰天文学家扎马鲁丁领导，且专以进行伊斯兰天文学工作为任务，则它在伊斯兰天文学史上，无疑占有相当重要的地位——它可以被视为马拉盖天文台与后来帖木儿王朝的撒马尔罕天文台之间的中途站。而它在历史上华夏天文学与伊斯兰天文学交流方面的重要地位，只要指出下面这件事就足以见其一斑，事见《秘书监志》卷七：

> 至元十年（公元 1273 年）闰六月十八日，太保传，奉圣旨：回回、汉儿两个司天台，都交秘书监管者。

两个所持天文学体系完全不同的天文台，由同一个上级行政机关——秘书监来领导，这在世界天文学史上是极为罕见（如果不是仅见的话）的有趣现象。这一现象可能产生的影响，我们下文还要谈到。

---

[1] 中国天文学史整理研究小组编著：《中国天文学史》，第 199 页。

[2] 李迪："纳速拉丁与中国"，载《中国科技史料》，11 卷 4 期（1990）。

可惜的是，对于这样一座具有特殊地位和意义的天文台，我们今天所知的情况却非常有限。在这些有限的信息中，特别值得注意的是《秘书监志》卷七中所记载的一份藏书书目——书目中的书籍都曾收藏在回回司天台中。数目中共有天文学著作 13 种如下：

1. 兀忽列的《四擘算法段数》十五部
2. 罕里速窟《允解算法段目》三部
3. 撒唯那罕答昔牙《诸般算法段目并仪式》十七部
4. 麦者思的《造司天仪式》十五部
5. 阿堪《诀断诸般灾福》
6. 蓝木立《占卜法度》
7. 麻塔合立《灾福正义》
8. 海牙剔《穷历法段数》七部
9. 呵些必牙《诸般算法》八部
10. 《积尺诸家历》四十八部
11. 速瓦里可瓦乞必《星纂》四部
12. 撒那的阿剌忒《造浑仪香漏》八部
13. 撒非那《诸般法度纂要》十二部

这里的"部"大体上应与中国古籍中的"卷"相当。第 5、6、7 三种的部数数目空缺。但由该项书目开头处"本台见合用经书一百九十五部"之语，以 195 部减去其余十种的部数总数，可知此三种书共有 58 部。

这些书用何种文字写成，尚未见明确记载。虽然不能完全排除它们是汉文书籍的可能性，但我认为它们更可能是波斯文或阿拉伯文的。它们很可能就是扎马鲁丁从马拉盖天文台带来的。

上述书目中，书名取意译，人名用音译，皆很难确切还原成原文，因此这 13 种著作的证认工作迄今无大进展。方豪认为第一种就是著名的欧几里得（Euclides）《几何原本》，"十五部"之数叶恰与《几何原本》的十五卷吻合，[1] 其说似乎可信。还有人认为第四种可能就是托勒

---

[1]　方豪：《中西交通史》，第 579 页。

密的《至大论》,[1] 恐不可信。因《造司天仪式》显然是讲天文仪器制造的，而《至大论》并非专讲仪器制造之书；且《至大论》全书 13 卷，也与此处"十五部"之数不合。

10

扎马鲁丁进献七件西域仪器之后九年、上都回回司天台建成之后五年、回回司天台与"汉儿司天台"奉旨同由秘书监领导之后三年，中国历史上最伟大的天文学家之一郭守敬，奉命为"汉儿司天台"设计并建造一批天文仪器，三年后完成（公元 1276—1279 年）。这批仪器中的简仪、仰仪、正方案、窥几等，颇多创新之处。[2] 由于郭守敬造仪在扎马鲁丁献仪之后，所造各仪又多此前中国所未见者，因此很自然就产生了"郭守敬所造仪器是否曾受伊斯兰天文学影响"的问题。

对于这一问题，国内学者自然多持否定态度，认为扎马鲁丁所献仪器"都没有和中国传统的天文学结合起来"，原因有二：一是这些黄道体系的仪器与中国传统的赤道体系不合，二是使用西域仪器所需的数学知识等未能一起传入。[3] 国外学者有持否定态度者，如约翰逊（M. Johnson）断言："1279 年天文仪器的设计者们拒绝利用他们所熟知的穆斯林技术。"[4] 李约瑟对这一问题的态度不明确，例如关于简仪是否曾收到阿拉伯影响，他既表示证据不足，却又说："从一切旁证看来，确实如此（受过影响）。"[5] 但这些旁证究竟是什么，他却没有给出。

在我看来，就直接的层面而言，郭守敬的仪器中确实看不出伊斯

---

[1] 中国天文学史整理研究小组编著：《中国天文学史》，第 214—215 页。

[2] 关于诸仪的简要记载见《元史·天文志》。关于其中最引人注目的简仪、仰仪等，可参见中国天文学史整理研究小组编著：《中国天文学史》，第 190—194 页。

[3] 中国天文学史整理研究小组编著：《中国天文学史》，第 202 页。

[4] M. Johnson：《艺术与科学思维》，傅尚逵等译，工人出版社，1988 年版，第 131 页。

[5] 李约瑟：《中国科学技术史》第四卷，第 481 页。

兰天文学的影响，相反倒是能清楚见到它们与中国传统天文仪器之间的一脉相传。对此可以给出一个非常有力的解释：

上一节所述回、汉两司天台同归秘书监领导一事，在此至关重要。因为这一事实无疑已将郭守敬与扎马鲁丁以及他们各自所领导的汉、回天文学家置于同行竞争的状态中。郭守敬既奉命另造天文仪器，他当然要尽量拒绝对手的影响，方能显出他与对手各擅胜场，以便更求超越对手。倘若他接受了伊斯兰天文仪器的影响，就会被对手指为步趋仿效，技不如人，则"汉儿司天台"在此竞争中将何以自立？

但在另一方面，我们又应该看到，就间接的层面而言，郭守敬似乎还是接受了阿拉伯天文学的一些影响。这里姑举两例以说明之：

其一是简仪。简仪之创新，即在其"简"——它不再追求环组重叠，一仪多效，而改为每一重环组测量一对天球坐标。简仪实际上是置于同一基座上的两个独立仪器：赤道经纬仪和地平经纬仪。这种一仪一效的风格，是欧洲天文仪器的传统风格，从扎马鲁丁所献七仪，到后来清代耶稣会士南怀仁（F. Verbiest）奉康熙帝之命所造六仪（至今尚完整保存在北京古观象台上），都可以看到这一风格。

其二是高表。扎马鲁丁所献七仪中有"冬夏至晷影堂"，其功能与中土传统的圭表是一样的，但精确度可以较高；郭守敬当然不屑学之，而仍从传统的圭表上着手改进，他的办法是到河南登封去建造巨型的高表和量天尺——实即巨型的圭表。然而众所周知，"巨型化"正是阿拉伯天文仪器的特征风格之一。

在上述两例中，一是由阿拉伯天文学所传递的欧洲风格，一是阿拉伯天文学自身所形成的风格。它们都可以视为伊斯兰天文学对郭守敬的间接影响。当然，在发现更为确切的证据之前，我并不打算将上述看法许为定论。

第十章 近代西方天文学之东来（上）

近代科学之确立 / 耶稣会士东来与"学术传教"方针 / 通天捷径——利玛窦的最初尝试 /《崇祯历书》及其所依据的西方天文学著作 /《崇祯历书》与哥白尼学说 / 十年斗争，八次较量，中法全军覆没 / 从《崇祯历书》到《西洋新法历书》/ 汤若望对《崇祯历书》的改编 / 汤若望最终走通了通天捷径

1

文艺复兴时期之后，通常以哥白尼（Copernicus）日心宇宙体系的问世——《天体运行论》的出版作为近代科学兴起的象征，但更重要的是实验方法以及与此相关的一系列观念的确立。

科学的实验方法，有如下鲜明的特点：

1. 以"客观性假定"为前提，即认为客观世界不会因为人类的观察、测量，或人类的主观意志而有所变化——这一前提在以往的几个世纪中引导科学技术取得了无数成就，因而曾长期被认为是天经地义、毫无疑问的（它还被作为唯物主义的基石），直到 20 世纪物理学的一系列新进展才使它在哲学上发生动摇。

2. 完全摈弃了超验、体悟、神秘主义之类古代和中世纪人们用来认识世界的旧方法。实验可重复成为保证知识正确性的必要条件。

3. 强调用"模型方法"去认识和描述世界，即先通过观察和思考构造出模型（可以是数学公式、几何图形等等），再通过实验（在天文学上就是进行新的观测）来检验由模型演绎出来的结论；若两者较为吻合（永远只能是一定程度上的吻合），则认为模型较为成功，否则就要修改模型，以求与实验结果的进一步吻合。

持此三点以观哥白尼日心宇宙体系和《天体运行论》（1543 年），

则尚未够得上真正的科学实验方法。例如，哥白尼坚持认为天体的运动决不能违背毕达哥拉斯关于天体必作匀速圆周运动的论断。[1] 又如，哥白尼体系在描述行星运动和预测行星方位的精度方面，与托勒密地心体系相比也并无什么优越性。[2]

实验方法在 16 世纪的吉尔伯特（William Gilbert of Colchester）那里开始取得显著成效，他的《磁石论》发表于 1600 年，其中的许多结论来自他所描述的各种磁学实验。而著名的弗兰西斯·培根（Francis Bacon）虽然在科学上并无成果，作为哲学家他却对科学实验方法的确立起了很大作用，尽管《学术的伟大复兴》一书中所强调的归纳方法实际上只是实验方法的前一半。

真正用近代科学实验方法取得伟大成果的，最先当数开普勒和伽利略（Galileo）。开普勒行星运动三定律（1609 年，1619 年）及其发现的过程，是在天文学上使用模型方法的成功典范，其中再也看不到古代思辨信条的踪迹。此后天文学上的无数新发现，迄今尚未发现越出上述模型方法的例子。伽利略在力学方面的研究，虽然不是没有先驱者——比如达·芬奇（Leonardo da Vinci）和斯台文（Simon Stevin），但严格说来伽利略才真正使用了完备的模型方法并取得成功。尤其是他在使用模型方法的过程中，能够巧妙忽略次要因素的影响，从而使数学处理得以进行，并最终获得正确结果的大师手法，为科学研究中模型方法的广泛使用开拓了道路。

在实验—模型方法的使用中，演绎推理是极为重要的一环。借助于适当的数学工具，演绎推理可以具有极大的功能，以至于使人觉得有些实验只需要在纸上或脑子里进行即可，正如伽利略所说：

通过发现一件单独事实的原因，我们对这件事实所取得的知

[1]　S.F. 梅森：《自然科学史》，上海外国自然科学哲学著作编译组译，上海人民出版社，1977 年版，第 119 页。

[2]　哥白尼对于理论与实际观测之间的误差，只要不超过 10 角秒就已经满意。参见 A.Berry：*A Short History of Astronomy*, New York, 1961，p.89.

识，就足以使我们理解并肯定一些其他事实，而不需要求助于实验。正如目前这个事例（指大炮以 45 度仰角发射时射程最远——这是前人根据观察已经发现了的事实）所显示的那样，作者单凭论证就可以有十足的把握，证明仰角度在 45 度时射程最远。[1]

当然，能在纸上或脑子里进行的并不是真正意义上的实验。

模型方法自此成为科学技术发展中最主要的利器。而牛顿力学的伟大成功以及随之而来的天体力学方面的一系列惊人成果，使得模型方法的光辉臻于极致。近代科学的兴起之中，最值得注意之点就是模型方法的广泛确立和使用——其实它早在古希腊天文学中就已被使用了，只是并未成为探索知识的普遍方法，自身也还未具备现代形态。

2

16 世纪末，耶稣会士开始进入中国，1582 年利玛窦（1552—1610）到达中国澳门，成为耶稣会在华传教事业的开创者。经过多年活动和许多挫折以及与中国各界人士的广泛接触之后，利氏找到了当时在中国顺利展开传教活动的有效方式——即所谓"学术传教"。1601年他获准朝见万历帝，并被允许居留京师，这标志着耶稣会士正式被中国上层社会所接纳，也标志着"学术传教"方针开始见效。

"学术传教"虽然常被归为利氏之功，其实这一方针的提出是与耶稣会固有传统分不开的。耶稣会一贯极其重视教育，大量兴办各类学校，例如，在 17 世纪二三十年代，耶稣会在意大利拿波里省就办有 19 所学校，在西西里省有 18 所，在威尼斯省有 17 所；[2] 而耶稣会士们更要接受严格的教育和训练，他们当中颇有非常优秀的学者。例如，利

---

[1]　转引自《自然科学史》，第 145 页。

[2]　W.V.Bangert, S.J. : *A History of the Society of Jesus*, St.Louis, 1986, p.187.

玛窦曾师从当时著名的数学和天文学家克拉维斯（Clavius）学习天文学，后者与开普勒、伽利略等皆为同事和朋友。又如后来成为清代第一任钦天监监正的汤若望（Johann Adam Schall von Bell，1592—1666），其师格林伯格（C.Grinberger）正是克拉维在罗马学院教授职位的后任。再如后来曾参与修撰《崇祯历书》的耶稣会士邓玉函（Johann Terrenz Schreck，1576—1630），本人就是猞猁学院（Accademia dei Lincei，意大利科学院的前身）院士，又与开普勒及伽利略（亦为猞猁学院院士）友善。正是耶稣会重视学术和教育的传统使得"学术传教"的提出和实施成为可能。

关于"学术传教"，还可以从一些来华耶稣会士的言论中增加理解。这里仅选择相距将近150年的两例——出自利玛窦和巴多明（D.Parrenin，1665—1741）之手，以见一斑：

> 一位知识分子的皈依，较许多一般教友更有价值，影响力也大。[1]
> 为了赢得他们（主要是指中国的知识阶层）的注意，则必须在他们的思想中获得信任，通过他们大多不懂并以非常好奇的心情钻研的自然事物的知识而博得他们的尊重，再没有比这种办法更容易使他们倾向理解我们的基督教神圣真诠了。[2]

如果刻意要作诛心之论，可以说来华耶稣会士所传播的科学技术知识只是诱饵；但从客观效果来看，"鱼"毕竟吃下了诱饵，这就不可能不对"鱼"产生作用。

3

天文学在古代中国主要不是作为一种自然科学学科，而是带有极

---

[1] 《利玛窦书信集》，罗鱼译，光启出版社（中国台湾，1986年版），第314页。

[2] 《耶稣会士书简集》，第24卷，第23页；转引自谢和耐（Jacques Gernet）：《中国和基督教》，上海古籍出版社，1991年版，第87页。

其浓重的政治色彩。天文学首先是在政治上起作用——在上古时代，它曾是王权得以确立的基础；后来则长期成为王权的象征。[1] 直到明代中叶，除了皇家天学机构中的官员等少数人之外，对于一般军民人等而言，"私习天文"一直是大罪;在中国历史上持续了将近两千年的"私习天文"之厉禁，到明末才逐渐放开——而此时正是耶稣会士进入中国的前夜。[2]

利玛窦入居京师之时，适逢明代官方历法《大统历》误差积累日益严重，预报天象屡次失误，明廷改历之议已持续多年。利玛窦了解这一情况之后，很快作出了参与改历工作的尝试，他在向万历帝"贡献方物"的表文中特别提出：

> （他本人）天地图及度数，深测其秘；制器观象，考验日晷，并与中国古法吻合。倘蒙皇上不弃疏微，令臣得尽其愚，披露于至尊之前，斯又区区之大愿。[3]

利玛窦这番自荐虽然未被理会，却是来华耶稣会士试图打通"通天捷径"——利用天文历法知识打通进入北京宫廷之路以利传教——的首次努力。

利玛窦对于"通天捷径"有非常明确的认识，他已能理解天文学在古代中国政治、文化中的特殊地位，因此他强烈要求罗马方面派遣精通天文学的耶稣会士来中国。他在致罗马的信件中说：

> 此事意义重大，有利传教，那就是派遣一位精通天文学的神甫或修士前来中国服务。因为其他科技，如钟表、地球仪、几何学等，我皆略知一二，同时有许多这类书籍可供参考，但是中国

---

[1]　关于这方面的系统论证，见江晓原《天学真原》第三章。

[2]　江晓原：《天学真原》，第65—68页。

[3]　黄伯禄：《正教奉褒》，上海慈母堂出版，1904年版，第5页。

人对之并不重视，而对行星的轨道、位置以及日、月食的推算却很重视，因为这对编纂《历书》非常重要。

……

我在中国利用世界地图、钟表、地球仪和其他著作，教导中国人，被他们视为世界上最伟大的数学家；……所以，我建议，如果能派一位天文学者来北京，可以把我们的历法由我译为中文，这件事对我并不难，这样我们会更获得中国人的尊敬。[1]

利氏之意，是要特别加强来华耶稣会士中的天文学力量，以求锦上添花。事实上来华耶稣会士之中，包括利氏在内，不少人已经有相当高的天文学造诣——他们这方面的造诣已经使得不少中国官员十分倾倒，以致纷纷上书推荐耶稣会士参与修历。例如，1610 年钦天监五官正周子愚上书推荐庞迪我（Diego de Pantoja，1571—1618）、熊三拔（Sabatino de Ursis，1575—1620）可参与修历；1613 年李之藻又上书推荐庞迪我、熊三拔、阳玛诺（Manuel Dias，1574—1659）、龙华民（Niccolo Longobardo，1565—1655），其言颇有代表性，见《明史·历志一》：

其所论天文历数，有中国昔贤所未及者。不徒论其度数，又能明其所以然之理。其所制窥天窥日之器，种种精绝。

这些荐举，最终产生了作用。

4

1629 年，钦天监官员用传统方法推算日食又一次失误，而徐光启用西方天文学方法推算却与实测完全吻合。于是崇祯帝下令设立"历

---

[1]《利玛窦书信集》，第 301—302 页。

局”，由徐光启领导，修撰新历。徐光启先后召请耶稣会士龙华民、邓玉函、汤若望和罗雅谷（Jacobus Rho，1592—1638）四人参与历局工作，于 1629 年至 1634 年间编撰成著名的“欧洲古典天文学百科全书”——《崇祯历书》。

《崇祯历书》卷帙庞大。其中“法原”即理论部分，占到全书篇幅的三分之一，系统介绍了西方古典天文学理论和方法，着重阐述了托勒密、哥白尼、第谷三人的工作；大体未超出开普勒行星运动三定律之前的水平，但也有少数更先进的内容。具体的计算和大量天文表则都以第谷体系为基础。《崇祯历书》中介绍和采用的天文学说及工作，究竟采自当时的何人何书，大部分已可明确考证出来；[1] 兹将已考定的著作开列如次：

第谷：

《新编天文学初阶》

（*Astronomiae Instauratae Progymnasmata*，1602）

《论天界之新现象》

（*De Mundi,* 1588, 即来华耶稣会士笔下的《彗星解》）

《新天文学仪器》

（*Astronomiae Instauratae Mechanica*，1589）

《论新星》

（*De Nova Stella,* 1573, 后全文重印于《初阶》中）

托勒密：

《至大论》

（*Almagest*）

哥白尼：

《天体运行论》

---

[1] 考证细节见江晓原：《明清之际西方天文学在中国的传播及其影响》，中国科学院博士论文（北京，1988），第 24—48 页；又见江晓原：《明末来华耶稣会士所介绍之托勒密天文学》，《自然科学史研究》，第 8 卷 4 期（1989）。

（*De Revolutionibus*，1543）

开普勒：

《天文光学》

（*Ad Vitellionem Paralipomena*，1604）

《新天文学》

（*Astronomia Nova*，1609）

《宇宙和谐论》

（*Harmonices Mundi*，1619）

《哥白尼天文学纲要》

（*Epitome Astronomiae Copernicanae*，1618—1621）

伽利略：

《星际使者》

（*Sidereus Nuntius*,1610）

朗高蒙田纳斯（Longomontanus）：

《丹麦天文学》

（*Astronomia Danica*,1622, 第谷弟子阐述第谷学说之作）

普尔巴赫（Purbach）与雷吉奥蒙田纳斯（Regiomontanus）：

《托勒密至大论纲要》

（*Epitoma Almagesti Ptolemaei*，1496）

上述 13 种当年由耶稣会士"八万里梯山航海"携来中国、又在编撰《崇祯历书》时被参考引用的 16 至 17 世纪拉丁文天文学著作，有 10 种至今仍保存在北京的北堂藏书中。其中最晚的出版年份也在 1622 年，全在《崇祯历书》编撰工作开始之前。

5

《崇祯历书》在大量测算实例中虽然常将基于托勒密、哥白尼和第谷模型的测算方案依次列出，[1] 但并未正面介绍哥白尼的宇宙模型。以往通常认为，直到 1760 年耶稣会士蒋友仁（P. Michel Benoist）向乾隆帝进献《坤舆全图》，哥白尼学说才算进入中国。这种说法虽然大体上并不错，但是实际上耶稣会传教士们在蒋友仁之前也并未对哥白尼学说完全封锁，而是有所引用和介绍的。

《崇祯历书》基本上直接译用了《天体运行论》中的十一章，引用了《天体运行论》中 27 项观测记录中的 17 项。对于哥白尼日心地动学说中的一些重要内容，《崇祯历书》也有所披露。例如"五纬历指"卷一关于地动有如下一段：

> 今在地面以上见诸星左行，亦非星之本行，盖星无昼夜一周之行，而地及气火通为一球自西徂东，日一周耳。如人行船，见岸树等，不觉己行而觉岸行；地以上人见诸星之西行，理亦如此，是则以地之一行免天上之多行，以地之小周免天上之大周也。

这段话几乎是直接译自《天体运行论》1 章 8 节，[2] 是用地球自转来说明天球的周日视运动。这无疑是哥白尼学说中的重要内容。

不过《崇祯历书》虽然介绍了这一内容，却并不赞成，认为是"实非正解"，理由是："在船如见岸行，曷不许在岸者得见船行乎？"这理由倒确实是站得住脚的——船岸之说只是关于运动相对性原理的比喻，却并不能构成对地动的证明。事实上，在撰写《崇祯历书》的年代，关于地球周年运动的确切证据还一个也未发现。[3]

---

[1] 江晓原："明末来华耶稣会士所介绍之托勒密天文学"，《自然科学史研究》，第 8 卷 4 期（1989）。

[2] Copernicus: *De Revolutionibus*, 1,8, Great Books of the Western World, Vol.16, p.712, *Encyclopaedia Britannica*, 1980.

[3] 考证细节见江晓原：《明清之际西方天文学在中国的传播及其影响》，中国科学院博士论文（北京，1988），第 7—8 页。

6

在《崇祯历书》编撰期间，徐光启、李天经（徐光启去世后由他接掌历局）等人就与保守派人士如冷守忠、魏文魁等反复争论。前者努力捍卫西法（即欧洲的数理天文学方法）的优越性，后者则力言西法之非而坚持主张用中国传统方法。《崇祯历书》修成之后，按理应当颁行天下，但由于保守派的激烈反对，又不断争论十年之久，不克颁行。

保守派反对颁行新历，主要的口实是怀疑新历的精确性。然而，不管他们反对西法的深层原因是什么，他们却始终与徐、李诸人一样同意用实际观测精度（即对天体位置的推算值与实际观测值之间的吻合程度）来检验各自天文学说的优劣。《明史·历志》中保留了当时双方八次较量的纪录，实为不可多得的科学史－文化史史料。这些较量有着共同的模式：双方各自根据自己的天文学方法预先推算出天象出现的时刻、方位等，然后再在届时的实测中看谁"疏"（误差大）谁"密"（误差小）。涉及的天象包括日食、月食和行星运动等方面。此处仅列出这八次较量的年份和天象内容：

1629 年，日食。

1631 年，月食。

1634 年，木星运动。

1635 年，水星及木星运动。

1635 年，木星、火星及月亮位置。

1636 年，月食。

1637 年，日食。

1643 年，日食。

这八次较量的结果竟是 8 比 0——中国的传统天文学方法"全军覆没"。[1] 其中三次发生于《崇祯历书》编成之前，五次发生于编成并

---

[1]　对此八次结果的考释，见江晓原："第谷天文体系的先进性问题——三方面的考察及有关讨论"，《自然辩证法通讯》，第 11 卷 1 期（1989）。

"进呈御览"之后。到第七次时,崇祯帝"已深知西法之密"。最后一次较量的结果使他下了决心,"诏西法果密",下令颁行天下。可惜此时明朝的末日已经来临,诏令也无法实施了。

7

耶稣会士们五年修历,十年努力,终于使崇祯帝确信西方天文学方法的优越。就在他们的"通天捷径"即将走通之际,却又遭遇"鼎革"之变,迫使他们面临新的选择。

1644 年 3 月,李自成军进入北京,崇祯帝自缢。李自成旋为吴三桂与清朝联军所败。5 月 1 日,清军进入北京,大明王朝的灭亡已成定局。此时北京城中的耶稣会士汤若望面临重大抉择:怎样才能在此政权变局中保持、乃至发展在华的传教事业?与一些继续同南明政权打交道的耶稣会士不同,汤若望很快抱定了与清政权全面合作的宗旨。谁能想到,修成十年后仍不得颁行、堪称命途多舛的《崇祯历书》,此时却成了上帝恩赐的礼物——成为汤若望献给迫切需要一部新历法来表征天命转移、"乾坤再造"的清政权的一份进见厚礼。汤若望将《崇祯历书》作了删改、补充和修订,献给清政府,得到采纳。并由顺治帝亲笔题名《西洋新法历书》,当即颁行于世。明朝在兵戈四起风雨飘摇的最后十几年间,犹能调动人力物力修成《崇祯历书》这样的科学巨著,本属难能可贵;然而修成却不能用之,最后竟成了为清朝准备的礼物。

汤若望因献历之功,再加上他的多方努力,遂被任命为钦天监负责人,开创了清朝任用耶稣会传教士掌管钦天监的将近二百年之久的传统。汤若望等人当年参与修历,最根本的宗旨本来就是"弘教";鼎革之际,汤若望因势利导,终于实现了利玛窦生前利用天文学知识打入北京宫廷的设想。汤若望本人极善于在宫廷和贵族之间周旋,明末时他任耶稣会北京教区区长,就在明宫中广泛发展信徒,信教者有皇族一百四十人、贵妇五十人、太监五十余人。入清之后,汤若望大受顺治帝宠信。顺治常称他为"玛法"。"玛法"者，满语"爷爷"之意，这是因汤若望曾治愈了孝庄皇太后之病，太后认他为义父之故。即此一端，已不难想见汤若望在顺治宫廷中"弘教"之大概。

此后北京城里的钦天监一直是来华耶稣会士最重要的据点。加之汤若望大获顺治帝的尊敬与恩宠，在后妃、王公、大臣等群体中也有许多好友。这一切为传教事业带来的助益是难以衡量的。

汤若望晚年遭逢"历狱"，几乎被杀，不久病死。他实际上是保守派最后一次向西方天文学发难的牺牲品。关于此事已有许多学者作过论述。[1] 在他去世后不久，冤狱即获得平反昭雪，由耶稣会士南怀仁（Ferdinand Verbiest，1623—1688）继任钦天监监正。康熙帝热衷于天文历算等西方科学，常召耶稣会士入宫进讲，使得耶稣会士们又经历了一段亲侍至尊的"弘教蜜月"。此后耶稣会士在北京宫廷中所受的礼遇虽未再有顺治、康熙两朝的盛况，但西方天文学理论和方法作为"钦定"官方天文学的地位，却一直保持到清朝结束。[2] "西法"则成为清代几乎所有学习天文学的中国人士的必修科目。

天文学是古代中国社会中具有特殊神圣地位的学问，在这样的学问上使用西法，任用西人，无疑有着极大的象征意义和示范作用。可以说，正是在天文学的旗帜之下，西方一系列与科学技术有关的思想、观念和方法才得以在明清之际进入中国。而且其中有些确实被接受和采纳，并产生了相当深刻的影响。

8

《崇祯历书》在徐光启、李天经的先后督修之下，分五次将完成之

---

[1] 较新的论述可见黄一农："择日之争与康熙历狱"，《清华学报》（中国台湾），新 21 卷 2 期（1991）。

[2] 在很大程度上是第谷的天文学体系保持着"钦定"的官方地位。1722 年的《历象考成》、1742 年的《历象考成后编》，都未改变这一地位。

著作进呈崇祯帝御览，共计 44 种、137 卷。《崇祯历书》在明末虽未被颁行，但已有刊本行世，通常称为明刊本。清军入北京时，汤若望处就存有明刊本的版片，他称之为"小板"。经汤若望修订的《西洋新法历书》，在清代多次刊刻，版本颇多，较为完善而又有代表性的，一为今北京故宫博物院所藏顺治二年刊本（以下简称顺治本），一为美国国会图书馆藏本，王重民据其中汤若望的赐号"通玄教师"之"玄"已为避康熙之讳而挖改为"微"，断定为康熙年间刊本（以下简称康熙本）。汤若望对《崇祯历书》所作的修订，主要有两个方面：

一是删并。《西洋新法历书》顺治本仅 28 种，康熙本更仅为 27 种90 卷。删并主要是针对各种天文表进行的，而对于《崇祯历书》的天文学理论部分（日躔历指、月离历指、恒星历指、交食历指、五纬——即行星——历指），几乎只字未改。

二是增加新的作品。《西洋新法历书》中增入的新作品，大都篇幅较小，多数为汤若望自撰者，亦有他人著作，如《几何要法》题"艾儒略（J. Aleni）口述，瞿式谷笔受"；以及昔日历局之旧著，如《浑天仪说》题"汤若望撰，罗雅谷订"。由于《西洋新法历书》的顺治本和康熙本皆非常罕见之书，这里特将其中较《崇祯历书》新增作品列出一览表如下（第三第四栏中有 * 号者表示收有第一栏中所列著作）：

著作名称	卷数	顺治本	康熙本
历疏	2	*	
治历缘起	8	*	*
新历晓惑	1	*	
新法历引	1	*	*
测食略	2	*	*
学历小辩	1	*	*
远镜说	1	*	*
几何要法	4	*	*
浑天仪说	5	*	*

（续表）

著作名称	卷数	顺治本	康熙本
筹算	1	*	*
黄赤正球	2	*	
历法西传	1		*
新法表异	2		*

若就客观效果而言，汤若望的修订确实使得《西洋新法历书》较之《崇祯历书》显得更紧凑而完备。同时，却也无可讳言，增入近十种汤若望自撰的小篇幅著作，就会使读者在浏览目录时（权贵们不可能去详细阅读这本巨著中的内容，他们至多只能是翻翻目录而已），留下一个汤若望在这部巨著中占有极大分量的印象。尽管汤若望本来就是《崇祯历书》最重要的两个编撰者之一，但他在将《崇祯历书》作为进见之礼献给清政府时作这样的改编，当然不能说他毫无挟书自重的机心。

9

考虑明清之际西方天文学东渐的历史背景时，还有一个方面应该加以注意，即明末有所谓"实学思潮"——这是现代人的措辞。明代士大夫久处承平之世，优游疏放，醉心于各种物质和精神的享受之中，多不以富国强兵、办理实事为己任，徐光启抨击他们"土苴天下实事"，正是对此而发。现代论者常将这一现象归咎于陆（九渊）、王（阳明）"心学"之盛行——当然这是一个未可轻下的论断，也非本书所拟讨论。

即使从较积极的方面去看，明儒过分热衷于道德、精神方面的讲求，对于明王朝末年所面临的内忧外患来说确实于事无补。就是"东林"、"复社"的政党式活动，敢于声讨恶势力固然可敬，却也仍不免被梁启超讥为"其实不过王阳明这面大旗底下一群八股先生和魏忠贤那面大旗底下一群八股先生打架"[1]——盖讥其迂腐无补于世事也。至于颜元（习斋）的名言"无事袖手谈心性，临危一死报君王"，尤能反映明儒自以为"谈心性"就是对社会作贡献——所谓有益于世道人心，而临危之时则只有一死之拙技的可笑精神面貌。

在另一方面，当明王朝末年陷入内忧外患的困境中时，士大夫中也已经有人认识到徒托空言的"袖手谈心性"无助于挽救危亡，因而以办实事、讲实学为号召，并能身体力行。徐光启就是这样的代表人物，可惜有心报国，无力回天，赍志而没。

及至清朝入关，铁骑纵横，血火开道，明朝土崩瓦解，优游林泉空谈心性的士大夫一朝变为亡国奴，这才从迷梦中惊醒，他们当中一些人开始发出深刻的反省。所谓明末的"实学思潮"，大体由此而起，其代表人物则主要是明朝的遗民学者。梁启超论此事云：

> 这些学者虽生长在阳明学派空气之下，因为时势突变，他们的思想也象蚕蛾一般，经蜕化而得一新生命。他们对于明朝之亡，认为是学者社会的大耻辱大罪责，于是抛弃明心见性的空谈，专讲经世致用的实务。他们不是为学问而做学问，是为政治而做学问。他们许多人都是把半生涯送在悲惨困苦的政治活动中，所做学问，原想用来做新政治建设的准备；到政治完全绝望，不得已才做学者生活。[2]

这类学者中最著名的有顾炎武、黄宗羲、王夫之、朱舜水等人，前面三人常被合称为"三先生"，俨然成为明清之际一部分知识分子的精神领袖——因坚持不与清朝合作、保持遗民身份而受人尊敬，同时又因讲求实学而成为大学者。

---

[1] 梁启超：《中国近三百年学术史》，收入《梁启超论清学史二种》，复旦大学出版社，1985年版，第94页。

[2] 梁启超：《中国近三百年学术史》，第106页。

　　明清之际一些讲求"实学"（现代人似乎主要是因为其中涉及科学技术才喜欢用此称呼）的学者，如顾、黄、王，以及方以智等，有时也被现代学者称为"启蒙学者"，这种说法容易引起一些问题，此处姑不深论。不过这些学者的出现和他们的工作确实为中国的科学思想进入一个新阶段作好了准备。

第十一章　近代西方天文学之东来（下）

西方地圆说/中国学者对西方地圆说之排拒/张雍敬与梅文鼎等人之辩论/世界地图带来的冲击/亚里士多德宇宙模型及李约瑟之误解/托勒密的宇宙模型/第谷宇宙模型及其"钦定"地位/王锡阐和梅文鼎对第谷宇宙模型之改造/哥白尼宇宙模型在中国之传播/宇宙模型的真实性与运行机制之争

1

对于明末西方地圆说在中国之传播，已有极多文献论及。但因地圆观念实为宇宙模型中不可或缺之重要部分，故此处仍拟对前人不甚注意之两点略加探讨。

无论自天文学理论抑或自宇宙模型之关系而言，明末入中华之西方地圆说实有两大要义：

1. 地为球形；

2. 地与天相比非常之小。

围绕第一义之种种问题，前人之述已极详备，但关于第二义尚有讨论之必要。明末来华耶稣会士之言地圆，百端譬喻，反复解说，初看似乎仅力陈地圆而已，很少有正面陈述第二义者。其实在西方天文学传统中，一向将此第二义视为当然之理，自然反映于其理论之中而无需再加论证。这可以通过一些例子来说明。例如《崇祯历书》"五纬历指"之九论五大行星与地球之间距离，曾给出如下一组数据：

土星：距离地球　　　10550　　　地球半径

木星：距离地球　　　3990　　　地球半径

火星：距离地球　　　1745　　　地球半径

……

以上数据当然不符合现代天文学的结论，但仍可看出西方宇宙模型的相对尺度——在这类模型中，地球的尺度相对而言非常之小。又如《崇祯历书》"恒星历指"三中认为，"恒星天"距离地球约为14000地球半径之远。此类例子甚多，不烦尽举。

西方地圆说第二要义的重要性在于，只有确认地球的尺度比"天"小得多，许多方位天文学中的基本概念才能成立。对于这一点，西方人早在古希腊时代就已确认无疑。除了少数情况，如地平视差等问题上要考虑地球半径尺度外，通常相对于"天"而言，地球可视为一个点，这在现代天文学中仍是如此。

另一方面，对于中国古代是否曾有地圆概念，学者们颇多争议。但是我们在本书第八章中已经看到，中国古代即使真有地圆概念，也与西方地圆说有着本质的区别——因为在中国古代天算家普遍接受的宇宙图象中，地半径虽是"天"半径之半，但两者是同数量级的，在任何情况下，地对于"天"都绝不能忽略为点。然而自明末起，学者们就往往忽视上述重大区别，而力言西方地圆说在中国"古已有之"；许多当代论著也经常重复与古人相似的错误。[1]

2

关于明末以来中国人对西方地圆说的反应，以往论著多侧重于接受、赞成方面的讨论。比如有的学者认为明清中国知识界主要是两派意见：一谓地圆说中国前所未有，一谓地圆说中国古已有之。其实这两派都是接受西方地圆说的，而在此之外另有一个颇为广泛的排拒派存在。以下姑分析几位著名人物之说，以见一斑。

前些年发现明末著名科学家宋应星轶著四种，系崇祯年间刊刻，

---

[1]　见林金水："利玛窦输入地圆学说的影响与意义"，《文史哲》，1985年，第5期。

其中有一种名《谈天》，[1] 里面谈到地圆说时有如下说法：[2]

> 西人以地形为圆球，虚悬于中，凡物四面蚁附；且以玛八作之人与中华之人足行相抵。天体受诬，又酷于宣夜与周髀矣。

宋氏所引西人之说，显然来自利玛窦。[3] 应该指出，宋氏所持的天文学理论极为原始简陋——例如他甚至认为太阳并非实体，而日出日落被说成只是"阳气"的聚散而已。[4]

明末清初"三先生"之一王夫之，抨击西方地圆说甚烈。王氏既反对利玛窦地圆之说，也不相信这在西方是久已有之的：

> 利玛窦至中国而闻其说，执滞而不得其语外之意，遂谓地形之果如弹丸，因以其小慧附会之，而为地球之象。……则地之欹斜不齐，高下广衍无一定之形审矣。而利玛窦如目击而掌玩之，规两仪为一丸，何其陋也！[5]

王氏本人又因缺乏球面天文学中的经纬度概念，就力斥"地下二百五十里为天上一度"之说为非，认为大地的形状和大小皆不可知：

> 玛窦身处大地之中，目力亦与人同，乃倚一远镜之技，死算

---

[1]　1894 年英国天文学家 J. F. 赫歇耳（Herschel）写成《天文学纲要》一书，在西方风行一时，十年后由李善兰与伟烈亚力（Alexander Wylie）译为中文，亦名《谈天》，这《谈天》非那《谈天》也。

[2]　宋应星：《野议·论气·谈天·思怜诗》，上海人民出版社，1976 年版，第 101 页。

[3]　玛八作对跖人之说即见于利玛窦世界地图的说明文字中；"玛八作"指何地不详，据经纬度当在今日阿根廷境内，参见曹婉如等："中国现存利玛窦世界地图的研究"，《文物》，1983 年，第 12 期。

[4]　宋应星：《野议·论气·谈天·思怜诗》，第 101—103 页。

[5]　王夫之：《思问录·俟解》，中华书局，1956 年版，第 63 页。

> 大地为九万里，……而百年以来，无有能窥其狂呆者，可叹也。[1]

这显然是一个外行的批评，而且带有浓重的感情色彩。从王夫之著作中推测，他至少已经间接接触过《崇祯历书》中的若干内容——例如他在《思问录》一书的附注中多次引述"新法大略"，不过这些内容看来并未能够说服他。

以控告耶稣会传教士著称的杨光先，攻击西方地圆之说甚力，自在情理之中。而其立论之法又有异于宋、王二氏者。杨光先云：

> 新法之妄，其病根起于彼教之舆图，谓覆载之内，万国之大地总如一圆球。[2]

他认为地圆概念在西方天文学中具有重要地位，倒也不错。但他无法接受对跖人的概念，并对此大加嘲讽：

> 竟不思在下之国土人之倒悬。斯论也，如无心孔之人只知一时高兴，随意诪谎，不顾失枝脱节，……有识者以理推之，不觉喷饭满案矣。[3]

然而他所据之"理"，竟是古老的"天圆地方"之说：

> 天德圆而地德方，圣人言之详矣。……重浊者下凝而为地，凝则方，止而不动。[4]

---

[1]　王夫之：《思问录·俟解》，第 63 页。

[2]　杨光先：《不得已》卷下，中社影印木，1929 年版，第 63 页。

[3]　杨光先：《不得已》卷下，第 67 页。

[4]　杨光先：《不得已》卷下，第 68—69 页。

其说几毫无科学性可言，较王夫之又更劣矣。

以上所举三氏之排拒地圆概念，有一共同之点，即三氏的知识结构皆与西方天文学所属的知识结构完全不同，双方在判别标准、表达方式等方面都格格不入。故双方实际上无法进行有效的对话，只能在"此亦一是非，彼亦一是非"的状态中各执己见而已。

另一方面，接受了西方天文学方法的中国学者，则在一定程度上完成了某种知识"同构"的过程。现今学术界公认比较有成就的明、清天文学家，如徐光启、李天经、王锡阐、梅文鼎、江永等等，无一例外都顺利接受了地圆说。这一事实是意味深长的。一个重要原因，可能是西方地圆说所持的理由（比如：向北行进可以见到北极星的地平高度增加、远方驶来的船先出现桅杆之尖、月蚀之时所见地影为圆形等等），对于有足够天文学造诣的学者来说，非常容易接受。与此形成鲜明对比，对西方地圆说的排拒主要来自天文学造诣缺乏的人群，上述宋、王、杨三氏皆属此列。

3

关于这一时期中国学者如何对待西方地圆说，有一有趣的个案可资考察。略述如次：

秀水张雍敬，字简庵，"刻苦学问，文笔矫然，特潜心于历术，久而有得，著《定历玉衡》"——是专主中国传统历法之作。张雍敬持此以示潘耒，潘耒告诉他历术之学十分深奥，不可专执己见（言下之意是指张雍敬所主的传统天文学已经过时，应该学习明末传入的西方天文学），建议他去走访梅文鼎，可得进益。张雍敬遂千里往访，梅文鼎大喜，留他作客，切磋天文学一年有余。事后张雍敬著《宣城游学记》一书，记录此一年中研讨切磋天文学之所得。《宣城游学记》原有稿本存世，不幸已于"文革"十年浩劫中毁去。[1]但书前潘耒所作之序尚得以保存至今，其中云：

> （张雍敬在宣城）逾年乃归。归而告余：赖此一行，得穷历法底蕴，始知中历西历各有短长，可以相成而不可偏废。朋友讲习之益，有如是夫！既复出一编示余曰：吾于勿庵辩论者数百条，皆已剖析明了，去异就同，归于不疑之地。惟西人地圆如球之说则决不敢从——与勿庵昆弟及汪乔年辈往复辩难，不下三四万言，此编是也。[2]

看来《宣城游学记》主要是记录他们关于地圆问题的争论的。这里值得注意的是，以梅文鼎之兼通中、西天文学，更加之以其余数人，辩论一年之久，竟然仍未能说服张雍敬接受地圆的概念。可见要接受西方的地圆概念，对于一部分中国学者来说确实不是容易的事。

4

利玛窦来华后绘制刊刻的世界地图，对于中国人改变传统的宇宙观念也起了很大作用。

利玛窦向中国公众展示世界地图，最先是在他广东肇庆的寓所客厅中。这一当时中国人闻所未闻、见所未见的新奇事物，既给观众带来了极大的震惊，也激发了中国知识分子探求新事物的强烈兴趣。对此利玛窦留下了较为详细的记载：

> 在我们寓所客厅的墙上，挂着一幅山海舆地全图，上面有外文标注。中国的高级知识分子，当被告知是世界全图的时候非常

---

[1]　白尚恕："《宣城游学记》追踪记"，纪念梅文鼎诞生三百五十周年国际学术讨论会（中国·合肥－宣州，1988）论文。

[2]　"《宣城游学记》追踪记"中录有其此序全文。

惊讶！……（他们原先）认为他们的国家就是世界，把国家叫做"天下"了。当他们听到中国只是东方的一部分时，认为这种观念根本是不可能的，因此想知道真相，为能够有更好的判断。[1]

利玛窦又进一步记述说：

因为对世界面积的观念不切实，又对自己有夸大的毛病，中国人认为没有比中国再好的国家。他们想中国幅员广大、政治清明、文化深远，自己认为是礼仪之邦。不但把别的国家看成蛮人，而且看成野兽。为他们讲，世界上没有一个其他国家，会有国王、朝代及文化。……当他们首次见到世界地图时，有些没受教育的人，竟然大笑起来；有些知识水准高一些的，则反应不同，尤其是在讲解南北纬度、子午线、赤道及南北回归线之后。[2]

这段话或许稍有夸张，但大体上还是符合事实的。事实上，当时中国知识阶层中的不少人表现出了良好的素质——他们积极促成利玛窦将图中的说明文字译成中文，并且刊刻印刷，以便于新知识的广泛传播。中国知识阶层对于利玛窦世界地图的巨大兴趣，只要看下面的事实就可一目了然：仅在 1584 年至 1608 年间，就在中国各地出现了利玛窦世界地图的十二种版本。下面列出洪煨莲考证的结果：[3]

《山海舆地图》，肇庆，1584 年。

《世界图志》，南昌，1595 年。

《山海舆地图》，苏州，1995、1998 年，勒石。

《世界图志》，南昌，1596 年。

---

[1] 利玛窦：《利玛窦中国传教史》，刘俊余、王玉川译，光启出版社，中国台湾，1986 年版，第 146 页。按此书另有中译本，名《利玛窦中国札记》，系自意大利文→拉丁文→英文多重转译而成，中国台湾译本则直接译自意大利文。

[2] 《利玛窦中国传教史》，第 147 页。

[3] 洪煨莲："利玛窦的世界地图"，《洪氏论学集》，中华书局，1981 年版。

《世界地图》，南昌，1596 年。

《山海舆全地图》，南京，1600 年。

《舆地全图》，北京，1601 年。

《坤舆万国全图》，北京，1602 年。

《坤舆万国全图》，北京，1602 年，另一刻本。

《山海舆全地图》，贵州，1604 年。

《世界地图》，北京，1606 年。

《坤舆万国全图》，北京，1608 年，摹绘。

世界地图的传播与西方地圆说的传播，两者关系密不可分。这些知识的传播，打破了中国人原先唯我独尊的"天下"观念，这确实是中国人走向近代社会不可缺少的启蒙教育。

当然，使大多数中国人建立"地球"、"世界"和"五大洲"的常识还需要很长时间。在有大批中国人真正走出国门之前，传统士大夫对于"天下"还有那么多别的昌盛国度、那么多别的高度文明，极端保守者会作谩骂式攻击，较平和者也难免心存疑惑。例如《圣朝破邪集》卷三"利说荒唐惑世"中引魏氏之文云：

> 近利玛窦以其邪说惑众，士大夫翕然信之。……所著坤舆全图极洋杳渺，直欺人以其目之所不能见，足之所不能至，无可按验耳。真所谓画工之画鬼魅也。毋论其他，且如中国于全图之中，居稍偏西而近于北，……焉得谓中国如此蕞尔，而居于图之近北？其肆谈无忌若此。

其实利玛窦为了照顾中国人的自尊心，已经尽量将中国画在图的当中了，可是这位曾官至湖广巡抚的魏大人的反应，却像利玛窦所说的"没受教育的人"。又如，约 150 年后，对于艾儒略所撰《职方外记》、南怀仁所撰《坤舆图说》——此两书都可视为利玛窦世界地图中说明文字的补充和发挥，四库馆臣在"提要"中仍不免要说上一些"所述多奇异不可究诘，似不免多所夸饰，然天地之大，何所不有，录而存之，亦足以广异闻也"、"疑其东来以后得见中国古书，因依仿而变幻其说，不必皆有实迹，然……存广异闻，故亦无不可也"之类的套话。

但是，无论如何，至少有一部分中国人的眼界已经被打开了。康熙帝时命耶稣会士用近代地图学与测量法测绘全国地图，就是这方面极好的例证之一。这一工作在当时世界上都是领先的，正如方豪所说：

> 十七八世纪时，欧洲各国之全国性测量，或尚未开始，或未完成，而中国有此大业，亦中西学术合作之一大纪念也。[1]

康熙皇帝本人确实是那个时代已经打开了眼界之人，可惜的是他并未致力于凭借帝王之尊的有利条件去打开更多中国人的眼界——关于这一点，后面还要谈到。

5

西方历史上先后出现的几种主要宇宙模式，都于明末传入中国。围绕这些模式的认识、理解、改造和争论，对中国学者的思想产生了很大影响。以下各小节依次分述之。

介绍亚里士多德模式较详细者，为利玛窦的中文著作《乾坤体义》。是书卷上论宇宙结构，谓宇宙为一同心叠套之球层体系，地球在其中心静止不动；依次为月球、水星、金星、太阳、火星、木星、土星、恒星所在之天球，第九层则为"宗动天"，"此九层相包如葱头皮焉，皆坚硬，而日月星辰定在其体内，如木节在板，而只因本天而动，第天体（此处指日月星辰所在的天球层）明而无色，则能通透光，如琉璃水晶之类，无所碍也"。这些说法，基本上是亚里士多德《论天》一书中有关内容的转述（只有"宗动天"一层可能是后人所附益）。稍后阳玛

---

[1]　方豪：《中西交通史》，岳麓书社，1987 年版，第 868 页。

诺的小册子《天问略》中也介绍类似的宇宙模式，天球之数则增为十二重："最高者即第十二重天，为天主上帝诸神居处，永静不动，广大无比，即天堂也。其内第十一重为宗动天……"上述两书所述天文学知识，基本上只是宣传普及的程度，未可与正式的天文学著作等量齐观。

亚里士多德的宇宙模式又被称为"水晶球"体系（crystalline sphere），这一模式传入中国虽然较其他诸模式都早，对此后中国学者思想的影响却最小。这在很大程度上与《崇祯历书》对这一模式的态度有关。《崇祯历书》"五纬历指"一，其中论及亚里士多德与第谷宇宙模式之异同，而坚决支持后者：

> 问：古者诸家曰天体（其意与上文同）为坚为实为彻照，今法火星圈割太阳之圈，得非明背昔贤之成法乎？曰：自古以来，测候所急，追天为本，必所造之法与密测所得略无乖爽，乃为正法。苟为不然，安得泥古而违天乎？……是以舍古从今，良非自作聪明，妄违迪哲。

《崇祯历书》地位之重要，上一章已经述及；此书之影响明末及清代中国天文学界，远甚于前述利玛窦、阳玛诺之书。因此书明确否定亚里士多德宇宙模式，这一模式无大影响，自在情理之中。事实上，在明末及有清一代，迄今未发现坚持亚里士多德氏宇宙模式的中国天文学家。即使有提及水晶球模式者，十九亦仅是祖述《崇祯历书》中的上述说法而已。

但是在明清之际的宇宙模式问题上，李约瑟有一些错误的说法，长期以来曾产生颇大的影响。李约瑟有一段经常被中国科学史界、哲学史界乃至历史学界援引的论述：

> 耶稣会传教士带去的世界图式是托勒密－亚里士多德的封闭的地心说；这种学说认为，宇宙是由许多以地球为中心的同心固体水晶球构成的。……在宇宙结构问题上，传教士们硬要把一种基本上错误的图式（固体水晶球说）强加给一种基本上正确的图

式（这种图式来自古宣夜说，认为星辰浮于无限的太空）。[1]

这段论述有几方面的问题。

首先，水晶球模型实与托勒密无关。托勒密从未主张过水晶球模型。[2] 实际情况是，直至中世纪末期，圣托马斯·阿奎那（T. Aquinas）将亚里士多德学说与基督教神学全盘结合起来时，始援引托勒密著作以证成地心、地静之说。若因此就将水晶球模式归于托勒密名下，显然不妥。

其次，李约瑟完全忽略了《崇祯历书》对水晶球模式的明确拒斥态度，更未考虑到《崇祯历书》对清代中国天文学界广泛的、决定性的影响，乃仅据先前利、阳二氏的宣传性小册子立论，未免以偏概全。

更何况《崇祯历书》既已明确拒斥水晶球模式，此后其他来华耶稣会天文学家又皆持同样态度；而且中国天文学家又并无一人采纳水晶球模式，则李约瑟所谓耶稣会传教士将水晶球模式"强加"于中国人之说，无论从主观意愿还是从客观效果来说都不能成立。

6

耶稣会传教士汤若望等四人，在徐光启组织领导下于 1634 年撰成《崇祯历书》，为系统介绍西方古典天文学之集大成巨著。书中在行星运动理论部分介绍了托勒密的宇宙模型，见《崇祯历书》"五纬历指"一"周天各曜序次第一"，其中的"七政序次古图"即为托勒密宇宙模型的几何示意图。

托勒密模型虽然也以地球为静止中心，其日月五星及恒星之远近次序也与亚里士多德模型相同，但是其中并无实体天球，诸"本天"

---

[1]　李约瑟：《中国科学技术史》，第 643、646 页。

[2]　关于此事可参见江晓原："天文学史上的水晶球体系"，《天文学报》，28 卷 4 期（1987）。

只是天体运行轨迹的几何表示（geometrical demonstrations）；[1] 而且对天象的数学描述系由假想小轮组合运转而成，并非如亚里士多德模型中靠诸同心实体天球的不同转速及转动轴倾角等来达成。这是两种模型的根本不同之点。[2] 此外，《崇祯历书》还对如何采用托勒密模型推算具体天象给出了大量测算实例。[3]

7

第谷宇宙模型被《崇祯历书》用作理论基础，全书中的天文表全部以这一模型为基础进行编算。《崇祯历书》"五纬历指"—"周天各曜序次第一"中论"七政序次新图"云：

> 地球居中，其心为日、月、恒星三天之心。又日为心作两小圈为金星、水星两天，又一大圈稍截太阳本天之圈，为火星天，其外又作两大圈为木星之天、土星之天。

即日、月、恒星皆在以地球为中心之同心天球轨道上运行，五大行星则以太阳为中心绕之旋转，同时又被太阳携带而行。这一模型在很大程度上是托勒密地心体系与哥白尼日心体系的折衷。《崇祯历书》此处又特别指出，该模型所言之天并非实体：

> 诸圈能相入，即能相通，不得为实体。

---

[1] Ptolemy: *Almagest*, IX2, Great Books of the Western World, *Encyclopaedia Britannica*, 1980, Vol.16, p.270.

[2] 参见江晓原："天文学史上的水晶球体系"。

[3] 参见江晓原："明末来华耶稣会士所介绍之托勒密天文学"，《自然科学史研究》，8 卷 4 期（1989）。

至于以第谷模型为基础测算天象之实例，则遍布《崇祯历书》全书各处。

以第谷宇宙体系为基础的《崇祯历书》经汤若望略加修订转献清廷，更名《西洋新法历书》，清政府于顺治二年（1645年）年颁行，遂成为清代的官方天文学。至康熙六十一年（1722年），清廷又召集大批学者撰成《历象考成》，此为《西洋新法历书》之改进本，在体例、数据等方面有所修订，但仍采用第谷体系，许多数据亦仍第谷之旧。《历象考成》号称"御制"，表明第谷宇宙模型仍然保持官方天文学理论基础之地位。

至乾隆七年（1742年），宫廷学者又编成《历象考成后编》，其中最引人注目之处是改用开普勒第一、第二定律来处理太阳和月球运动。按理这意味着与第谷宇宙模型的决裂，但《历象考成后编》别出心裁地将定律中太阳与地球的位置颠倒（仅就数学计算而言，这一转换完全不影响结果），故仍得以维持地心体系。不过如将这种模式施之于行星运动，又必难以自圆其说，然而《历象考成后编》却仅限于讨论日、月及交蚀运动，对行星全不涉及，于是上述问题又得以在表面上被回避。特别是，《后编》又被与《历象考成》合为一帙，一起发行，这就使得第谷模型继续保持了"钦定"地位，至少在理论上是如此。

8

明清之际，中国天文学家（也只有到了此时，中国社会中才出现了真正意义上的天文学家）中，兼通中西而最负盛名者，即为王锡阐、梅文鼎二人。王锡阐以明朝遗民自居，明亡后绝意仕进，与顾炎武等遗民学者为伍，过着清贫的隐居生活。梅文鼎虽也不出任清朝的官职，他本人却是康熙帝的布衣朋友。康熙帝推崇他的历算之学，赐他"绩学参微"之匾，甚至将"御制"（颇近今日之挂名主编也）之书送给他请他"指正"。二人际遇虽如此不同，但其天文历算之学则都得到后世的高度评价。王、梅二人对第谷宇宙模型的研究及改进，可视为中国天文学家这类工作之代表作。

王锡阐在其著作《五星行度解》主张如下的宇宙模型：

> 五星本天皆在日天之内，但五星皆居本天之周，太阳独居本天之心，少偏其上，随本天运旋成日行规。

他不满意《崇祯历书》用作理论基础的第谷宇宙模型，故欲以上述模型取而代之。然而王氏此处所说的"本天"，实际上已被抽换为另一概念——在《崇祯历书》及当时讨论西方天文学的各种著作中，"本天"为常用习语，皆意指天体在其上运行之圆周，即对应于托勒密体系中的"均轮"（deferent），而王氏的"本天"却是太阳居于偏心位置。而在进行具体天象推算时，这一太阳"本天"实际上并无任何作用，起作用的是"日行规"——正好就是第谷模型中的太阳轨道。故王锡阐的宇宙模型事实上与第谷模型并无不同。钱熙祚评论王氏模型，就指出它"虽示异于西人，实并行不悖也"。[1]

王锡阐何以要刻意"示异于西人"，则另有其政治思想背景。[2] 王氏是明朝遗民，明亡后拒不仕清。他对于清朝之入主华夏、对于清政府颁用西方天文学并任用西洋传教士领导钦天监，有着双重的强烈不满。和中国传统天文学方法相比，当时传入的西方天文学在精确推算天象方面有着明显的优越性，但王氏从感情上无法接受这一事实。他坚信中国传统天文学方法之所以落入下风，是因为没有高手能将传统方法的潜力充分发挥出来。为此他撰写了中国历史上最后一部古典形式的历法《晓庵新法》，试图在保留中国传统历法结构形式的前提下，融入一些西方天文学的具体方法。但是他的这一尝试，远未能产生他所希望的效果，《晓庵新法》则成了特别难读之书。[3]

梅文鼎心目中所接受的宇宙模式，则本质上与托勒密模型无异，

[1]　钱熙祚：《五星行度解》跋。

[2]　参见江晓原："王锡阐的生平、思想和天文学活动"，《自然辩证法通讯》，11 卷 4 期（1989）。

[3]　参见江晓原："王锡阐和他的《晓庵新法》"，《中国科技史料》，9 卷 6 期（1986）。

只是在天体运行是否有物质性的轨道这一点上，不完全赞成托勒密（见下文）。梅氏不同意第谷模式中行星以太阳为中心运转这一最重要的原则，在《梅勿庵先生历算全书·五星纪要》[1]中力陈"五星本天以地为心"。但是为了不悖于"钦定"的第谷模式，梅氏折衷两家，提出所谓"绕日圆象"之说——以托勒密模型为宇宙之客观真实，而以第谷模型为前者所呈现于人目之"象"：

> 若以岁轮上星行之度连之，亦成圆象，而以太阳为心。西洋新说谓五星皆以地为心，盖以此耳。然此围日圆象原是岁轮周行度所成，而岁轮之心又行于本天之周，本天原以地为心，三者相待而成，原非两法，故曰无不同也。……或者不察，遂谓五星之天真以日为心，失其指矣。

此处梅氏所说的"岁轮"，相当于托勒密模型中的"本轮"（epicycle）。梅文鼎起初仅应用"围日圆象"之说于外行星，后来其门人刘允恭提出，对于内行星也可以用类似的理论处理，梅氏大为称赏。[2]

如果仅就体系的自洽而言，梅氏的折衷调和之说确有某种形式上的巧妙；他自己也相信其说是合于第谷本意的："予尝……作图以推明地谷立法之根，原以地为本天之心，其说甚明。"稍后有江永，对梅氏备极推崇，江永在《数学》卷六中用几何方法证明：在梅氏模型中，置行星于"岁轮"或"围日圆象"上来计算其视黄经，结果完全相同，而且内、外行星皆如此。

但是江永并未证明梅氏模型与《崇祯历书》所用第谷模型的等价性，梅氏自己也为能提出观测数据来验证其模型（梅文鼎本人几乎不进行天文学观测）。事实上，梅氏的宇宙模型巧则巧矣，却并非第谷的本意；与客观事实的距离，则较第谷模型更远了。

---

[1]　兼济堂纂刻本。

[2]　梅文鼎自述此事云："今得门人刘允恭悟得金水二星之有岁轮，其理的确而不可易，可谓发前人之未发矣。"见《梅勿庵先生历算全书·五星机要》。

9

上一章已经谈到，《崇祯历书》虽然未正面介绍哥白尼的宇宙模型，但对于哥白尼日心地动学说中的一些重要内容，也还是有所披露。通常以 1760 年耶稣会士蒋友仁（P. Michel Benoist）向乾隆帝进献《坤舆全图》，作为哥白尼学说正式进入中国之始。

蒋友仁所献《坤舆全图》中的说明文字，后来由钱大昕等加以润色，取名《地球图说》刊行。书前有阮元所作之序。阮元在序中对哥白尼的日心地动之说不着一字，只是反复陈述地圆之理可信，并说这是中国古已有之的；最后则说：

> 此所译《地球图说》，侈言外国风土，或不可据。至其言天地七政恒星之行度，则皆沿习古法，所谓畴人子弟散在四夷者也。……是说也，乃周公、商高、孔子、曾子之旧说也；学者不必喜其新而宗之，亦不必疑其奇而辟之可也。

《坤舆全图》本非专为阐述宇宙模型而作，阮元将注意力集中于地圆问题上，似乎也无可厚非；但哥白尼宇宙模型与"钦定"的第谷模型不能相容，是显而易见的，阮元却竭力回避这一问题。至于将哥白尼学说说成是"皆沿习古法，所谓畴人子弟散在四夷……"云云，则是清代盛行的"西学中源"说的陈旧套话（详见下文），显然是对哥白尼学说的曲解。此时阮元是反对哥白尼学说的，只是既然为《坤舆图说》作序，自不便正面抨击此书。而在《畴人传》卷四十六"蒋友仁传论"中，他就明确指斥哥白尼宇宙模型是"上下易位，动静倒置，离经叛道，不可为训"的异端学说了。

阮元享寿颇高，他在 1799 年编撰《畴人传》时明确排拒哥白尼学说，但是四十余年之后，在《续畴人传》之序中，他似乎已经转而赞成日心地动之说了：

> 元且思张平子有地动仪，其器不传，旧说一位能知地震，非
> 也。元窃以为此地动天不动之仪也。然则蒋友仁之谓地动，或本
> 于此，或为暗合，未可知也。

将汉代张衡的候风地动仪猜测为演示哥白尼式宇宙模型的仪器，未免
奇情异想。但此前确实已有这种性质的西方仪器被贡入清代宫廷，[1] 阮
元由此受到启发也有可能。另一方面，自明末西方天文数学传入中国，
"西学中源"说即随之产生，至康熙时君臣递相唱和，使此说甚嚣尘
上，影响长期不绝。阮元的上述奇论，在这种背景氛围之下提出，也
就不足为怪了。

与清代学者对第谷、托勒密宇宙模型的研究相比，清人对于哥白
尼模型的讨论始终停留在很浅的层次。很可能因这一模型正式输入较
晚，那时清人研讨天文学的热潮已告低落。另一方面，就天文学本身
的发展而言，此时早已是近代天体力学大展宏图的年代，哥白尼模型
已经完成了它的历史使命。

10

自《崇祯历书》介绍了西方宇宙模型及小轮体系之后，就产生了
这些模型及体系真实与否的问题。《崇祯历书》对这一问题持回避态
度，见《五纬历指》一：

> 历家言有诸动天、诸小轮、诸不同心圈等，皆以齐诸曜之性
> 度而已，匪能实见其然，故有异同之说，今但以测算为本，孰是
> 孰非，未须深论。

---

[1]　参阅席泽宗等："日心地动说在中国"，《中国科学》，16 卷 3 期（1973）。

这就为中国学者对此问题进行争论留下了更多的余地。

上述问题实际上可以有两种提法：

广义提法：这类宇宙模型是否反映了宇宙中的真实情况？

狭义提法：诸小轮、偏心轮等是否为实体？

显而易见，对狭义提法作出肯定答案者，对广义提法也必作出肯定答案，可名之曰"真实实体派"；而对狭义提法作出否定答案者，则对广义提法仍可作出不同答案，可分别名之曰"真实非实体派"和"纯粹假设派"。

在清代天文学家中，"真实实体派"人数不多，但却包括了最杰出的王锡阐和梅文鼎两人。王锡阐在《五星行度解》中明确主张：

> 若五星本天，则各自为实体。

王锡阐所说的"本天"是指三维球体还是指二维圆环，他并未明言。但是梅文鼎和其他一些清代天文学家所说的"本天"，常指二维的环形轨道。梅文鼎力陈"伏见轮"与"岁轮为"虚迹"，但"本天"则是"硬圈有形质"的（《梅勿庵先生历算全书·五星纪要》）。

另有不少人可归入"真实非实体派"，比如江永在《数学》卷六中认为：

> 则在天虽无轮之形质，而有轮之神理，虽谓之实有焉可也。

这种观点认为西方宇宙模型（主要是指第谷模型）反映了宇宙的真实情况，只是诸小轮、偏心圆等并非实体。

最值得注意的是"纯粹假设派"。乾嘉诸经学大师多持此说。比如焦循在《焦氏丛书·释轮》卷上中认为：

> 可知诸轮皆以实测而设之，非天之真有诸轮也。

阮元在《畴人传》卷四十六"蒋友仁传论"中也力陈同样看法：

> 此盖假设形象，以明均数之加减而已；而无识之徒，……遂
> 误认苍苍者天果有如是诸轮者，斯真大惑矣。

对此论述最明确者为钱大昕，他说：

> 本轮均轮本是假象，……椭圆亦假象也。但使躔离交食推算
> 与测验相准，则言大小轮可，言椭圆亦可。(《畴人传》卷四十九
> "钱大昕")

诸轮皆为假象，而"真象"为何，既不可知，亦不置问。"纯粹假说派"之说与托勒密的"几何表示"有相通之处，但并不完全相同。托勒密、哥白尼、第谷等人都相信自己的宇宙模型在大结构上是反映客观真实情形的，具体的小轮之类，则未必为真实存在；比如托勒密就将本轮、偏心圆等等称为"圆周假说方式"。[1] 他们介于"真实非实体派"与"纯粹假设派"之间。自开普勒、牛顿以降，则成为确切的"真实非实体派"。而"纯粹假说派"更多的是植根于中国传统天文学观念之中。中国的传统方法是用代数方法来描述天体运动，对于天体实际上沿着什么轨道运行并不深入追究。

以常理推论，对于宇宙模型的运行机制问题，应是"真实实体派"人士最感兴趣，事实上也正是如此。《崇祯历书》中简单介绍了一种天体之间磁引力的思想，曾引起一些中国天文学家的注意——这种磁引力思想曾被误认为出于中国学者或第谷，其实是出于开普勒。[2] 而在此基础上作过进一步研究及设想的，主要是王锡阐和梅文鼎二人。

王锡阐在《五星行度解》中试图利用天体之间的磁引力去解释日、

---

[1] Ptolemy: *Almagest*, 1X2, Great Books of the Western World, *Encyclopaedia Britannica*, 1980, Vol.16, p.270。

[2] 详见江晓原："开普勒天体引力思想在中国"，《自然科学史研究》，6 卷 2 期（1987）。

月和五大行星作圆周运动的原因：

> 历周最高、卑之原，盖因宗动天总挈诸曜，为斡旋之主。其
> 气与七政相摄，如磁之于针，某星至某处，则向之而升；离某处，
> 则违之而降。

他将磁引力的源头从《崇祯历书》所说的太阳移到了"宗动天"，依稀
可以看出亚里士多德模型对他的某种影响。

梅文鼎在用磁引力解释行星运动方面作过更多的思考，他用磁引
力去支持他的"围日圆象"之说：

> 地谷曰：日之摄五星若磁石引铁。故其距日有定距也。惟其
> 然也，故日在本天行一周而星之升降之迹亦成一圆象。……地谷
> 新图，其理如此。不知者遂以围日为本天——则是岁轮心而非星
> 体，失之远矣。（《梅勿庵先生历算全书·五星纪要》）

梅文鼎将磁引力之说归于第谷，实出于误会。而他的上述说法实际上
也与其心目中的宇宙模型难以自洽：五星既然是因日之"摄"而成"围
日圆象"，则五星与太阳之间已经具有物理上的联系，又焉能将"围日
圆象"视为"虚迹"？

总的来说，王、梅二氏的上述讨论尚处在幼稚阶段，远未能臻于
科学学说的境界。此外，清代论及磁引力之说者尚有多人，然皆仅限
于祖述《崇祯历书》中片言只语而已，水准又在王、梅之下矣。

第十二章　明清之际的东西碰撞

发端于明朝遗民的"西学中源"说 / 康熙帝的大力提倡 / 梅文鼎热烈响应康熙的号召 / 众学者推波助澜 / "西学中源"说产生的背景 / 徐光启与方以智 / 对"西学中源"说的批判和争论 / 康熙帝之历史功过 / 17 世纪中国有没有"科学革命"?

1

耶稣会士传入西方天文、数学和其他科学技术,使得一部分中国上层人士如徐光启、李之藻、杨廷筠等人十分倾心。清朝入关后又将耶稣会士编撰的《崇祯历书》易名《西洋新法历书》颁行天下,并长期任用耶稣会传教士主持钦天监。康熙帝本人则以耶稣会士为师,躬自学习西方的天文、数学等知识。所有这些情况,都中国士大夫传统的信念和思想产生了强烈冲击。曾在中国宫廷和知识界广泛流行的"西学中源"说,就是对上述冲击所作出的反应之一。

"西学中源"说主要是就天文历法而言的。因数学与天文历法关系密切,也被涉及。后来在清朝末年,曾被推广到几乎一切知识领域,但那已明显失去科学史方面的研究价值,不在此处讨论的范围之内了。

"西学中源"说实发端于明之遗民。

据迄今为止所见史料,最先提出"西学中源"思想的可能是黄宗羲。黄氏对中西天文历法皆有造诣,著有《授时历法假如》、《西洋历法假如》等多种天文历法著作。明亡,黄氏起兵抗清,兵败后一度辗转流亡于东南沿海。即使在如此艰危困苦的环境中,他仍在舟中与人讲学,仍在注释历法。黄氏"尝言勾股之术乃周公商高之遗,而后人失之,使西人得以窃其传"——此处他虽是就数学而言,但那时学者常将"历算"视为一事。关于黄氏最先提出"西学中源"概念，全祖望在《鲒埼亭集》卷十一"梨洲先生神道碑文"中明确加以肯定：

> 其后梅征君文鼎本《周髀》言历，世惊以为不传之秘，而不知公实开之。

"西学中源"说的另一先驱者为黄宗羲同时代人方以智。方氏为崇祯十三年进士，明亡后流寓岭南，一度追随永历政权，投身抗清活动。他的《浮山文集》在清初遭到禁毁，流传绝少。在《游子六〈天经或问〉序》一文中，方以智在谈论了中国古代的天文历法（其中有不少外行之语）之后说：

> 万历之时，中土化洽，太西儒来，亘合图，其理顿显。胶常见者以为异，不知其皆圣人之已言也。……子曰：天子失官，学在四夷。[1]

方氏此处"天子失官，学在四夷"的说法值得注意，这与后来梅文鼎、阮元等人反复宣扬的"礼失求野"之说（详下文）完全是同一种思路。

黄、方二氏虽提出了"西学中源"的思想，但尚未提供支持此说的具体证据。至王锡阐出而阐述"西学中源"，乃使此说大进一步。王氏当明亡之时，曾两度自杀，获救后终身拒绝与清朝合作，以遗民自居，是顾炎武那个遗民圈子中的重要成员。王氏潜心研究天文历算，被后人目为与梅文鼎并列的清代第一流天文学家。王氏兼通中国传统天文学和明末传入的西方天文学，其造诣可以相信高于黄宗羲，更远在方以智之上。他曾多次论述"西学中源"说，其中最重要的一段如下：

> 今者西历所矜胜者不过数端，畴人子弟骇于创闻，学士大夫

---

[1]　方以智：《浮山文集后编》卷二，刊《清史资料》第六辑，中华书局，1985 年版。

喜其瑰异，互相夸耀，以为古所未有。孰知此数端悉具旧法之中，而非彼所独得乎！

一曰平气定气以步中节也，旧法不有分至以授人时、四正以定日躔乎？

一曰最高最卑以步朓朒也，旧法不有盈缩迟疾乎？

一曰真会视会以步交食也，旧法不有朔望加减食甚定时乎？

一曰小轮岁轮以步五星也，旧法不有平合定合晨夕伏见疾迟留退乎？

一曰南北地度以步北极之高下、东西地度以步加时之先后也，旧法不有里差之术乎？

大约古人立一法必有一理，详于法而不著其理，理具法中，好学深思者自能力索而得之也。西人窃取其意，岂能越其范围？[1]

王锡阐这段话是"西学中源"说发展史上的重要文献。约写于1663年之前一点，与黄、方二氏之说年代相近。王锡阐首次为"西学中源"说提供了具体证据——当然这些证据实际上是错误的。五个"一曰"，涉及日月运动、行星运动、交食、定节气和授时，几乎包括了中国传统历法的所有主要方面。王氏认为西法号称在这些方面优于中法，实则"悉具旧法之中"，是中国古已有之的。

按理说，断定西法为中国古已有之，还存在双方独立发明而暗合的可能，但是王锡阐断然排除了这种可能性——"西人窃取其意"，是从中国偷偷学去的。这一出于臆想的说法为后来梅文鼎的理论开辟了道路。

值得注意的是，黄、方、王三氏皆为矢忠故国的明朝遗民，又都是在历史上有相当影响的人物；此三人不约而同地提出"西学中源"之说，应该不是科学思想史上的偶然现象。

---

[1]　王锡阐：《历策》，刊《畴人传》卷三十五。

2

入清之后，康熙帝一面醉心于耶稣会士们输入的西方科学技术，一面又以帝王之尊亲自提倡"西学中源"说。康熙帝有《御制三角形论》，其中提出"古人历法流传西土，彼土之人习而加精焉"，这是关于历法的。他关于数学方面的"西学中源"之说更受人注意，一条经常被引用的史料是康熙五十年（1711 年）与赵宏燮论数。《东华录》"康熙八九"上记载康熙之说云：

> 即西洋算法亦善，原系中国算法，彼称为阿尔巴朱尔——阿尔巴朱尔者，传自东方之谓也。

"阿尔巴朱尔"又作"阿而热八达"或"阿而热八拉"，一般认为是algebra（源于阿拉伯文 Al-jabr）的音译，意为"代数学"。康熙帝凭什么能从中看出"东来法"之意，不得而知。有人认为是和另一个阿拉伯文 Aerhjepala 发音相近而混淆的。但康熙帝是否曾接触过阿拉伯文，以及供奉内廷的耶稣会士向康熙帝讲授西方天文数学时是否有必要涉及阿拉伯文（他们通常使用满语和汉语），都大成疑问。再退一步说，即使"阿尔巴朱尔"真有"东来法"之意，在未解决当年中法到底如何传入西方这一问题之前，也仍然难以服人——这个问题后来有梅文鼎慨然自任。

据来华耶稣会士的文件来看，康熙帝向耶稣会士学习西方天文数学始于 1689 年。此后他醉心于西方科学，连续几年每天上课达四小时，课后还做练习。[1] 以后几十年中，康熙帝喜欢时常向宗室、大臣等谈论天文数学地理之类的知识，自炫博学，引为乐事。康熙帝很可能是在对西方天文数学有了一定了解之后独立提出"西学中源"说的。

---

[1]　洪若翰（de Fontaneg）："1703 年 2 月 15 日的信件"，《清史资料》第六辑，中华书局，1985 年版，第 161—162 页。

因为迄今尚未发现什么材料表明康熙帝曾经研读过黄、方、王三氏之书——三氏既为在政治上拒绝与清朝合作之人，康熙帝也不大可能在"万机余暇"去研读他们的著作。

康熙帝在天文历算方面的"中学"造诣并不高深；他了解一些西方的天文数学，也未达到很高水准。这从他的《机暇格物编》中的天文学内容和他历次与臣下谈话中涉及的天算内容可以看出来。梅文鼎的《历学疑问》，康熙帝自认可以"决其是非"——对于梅文鼎这样以在野之身却愿意与清朝在学术上合作、其实也就是在政治上凑趣之人的著作，康熙帝就愿意在"万机余暇"抽空来读一读了，但那只是一本浅显之作。相比之下，黄宗羲、王锡阐都是兼通中西天文学并有很高造诣的，因此他们提出"西学中源"说或许还有从中西天文学本身看出相似之处的因素，而康熙帝则更多地出于政治考虑了。

3

康熙帝的说法一出，梅文鼎立即热烈响应。梅氏三番五次地陈述：

> 御制《三角形论》言西学贯源中法，大哉王言，著撰家皆所未及。（《绩学堂诗钞》卷四"雨坐山窗"）
>
> 伏读御制《三角形论》，谓古人历法流传西土，彼土之人习而加精焉尔，天语煌煌，可息诸家聚讼。（《绩学堂诗钞》卷四"上孝感相国四之三"）
>
> 伏读御制《三角形论》，谓众角辏心以算弧度，必古算所有，而流传西土，此反失传；彼则能守之不失且踵事加详。至哉圣人之言，可以为治历之金科玉律矣！（《历学疑问补》卷一）

梅文鼎俯伏在地，将"御制《三角形论》"读了又读，不仅立刻将发明"西学中源"说的"专利"拱手献给皇上（"大哉王言，著撰家皆所未及"——而黄、方、王三氏明明早已提出此说；康熙帝不知三氏之作固属可能，梅文鼎也不知三氏之作则难以想象），而且决心用他自己"绩学参微"的功夫来补充、完善"西学中源"说。在《历学疑问补》卷一中，他主要从以下三个方面加以论述：

其一，论证"浑盖通宪"即古时周髀盖天之学。明末李之藻著有《浑盖通宪图说》，来华耶稣会士熊三拔著有《简平仪说》。前者讨论了球面坐标网在平面上的投影问题，并由此介绍星盘及其用法；后者讨论一个称为"简平仪"的天文仪器，其原理与星盘相仿。梅文鼎就抓住"浑盖通宪"这一点来展开其论证：

> 故浑天如塑像，盖天如绘像，……知盖天与浑天原非两家，则知西历与古历同出一原矣。
>
> 盖天以平写浑，其器虽平，其度则浑。……是故浑盖通宪即古盖天之遗制无疑也。
>
> 今考西洋历所言寒热五带之说与周髀七衡吻合。
>
> 周髀算经虽未明言地圆，而其理其算已具其中矣。
>
> 是故西洋分画星图，亦即古盖天之遗法也。

在谈了五带、地圆、星图这些"证据"之后，梅氏断言：

> 至若浑盖之器，……非容成、隶首诸圣人不能作也，而于周髀之所言一一相应，然则即断其为周髀盖天之器，亦无不可。
>
> 简平仪以平圆测浑圆，是亦盖天中之一器也。

不难看出，梅氏这番论证的出发点就大错了。中国古代的浑天说与盖天说，当然完全不是如他所说的"塑像"与"绘像"的关系。李之藻向耶稣会士学习了星盘原理后作的《浑盖通宪图说》，只是借用了中国古代浑、盖的名词，实际内容是完全不同的。精通天文学如梅氏，不可能不明白这一点，但他却不惜穿凿附会大做文章，如果仅仅用封建士大夫逢迎帝王来解释，恐怕还不能完全令人满意。至于"容成、隶首诸圣人"，连历史上是否实有其人也大成问题，更不用说他们能制作将球面坐标投影到平面上去的"浑盖之器"了。五带、地圆、星图画法之类的"证据"，也都是附会。

其二，设想中法西传的途径和方式。"西学中源"必须补上这一环节才能自圆其说。梅氏先从《史记·历书》中"幽、厉之后，周室微，……故畴人子弟分散，或在诸夏，或在夷狄"的记载出发，认为"盖避乱逃咎，不惮远涉殊方，固有挟其书器而长征者矣"。不过梅文鼎设想的另一条途径更为完善:《尚书·尧典》上有帝尧"乃命羲和，钦若昊天"，以及命羲仲、羲叔、和仲、和叔四人"分宅四方"的故事，梅氏就根据这一传说，设想：东南有大海之阻，极北有严寒之畏，唯有和仲向西方没有阻碍，"可以西则更西"，于是就把所谓"周髀盖天之学"传到了西方！他更进而想象，和仲西去之时是"唐虞之声教四讫"，而和仲到达西方之后的盛况是：

> 远人慕德景从，或有得其一言之指授，或一事之留传，亦即有以开其知觉之路。而彼中颖出之人从而拟议之，以成其变化。

源远流长、规模宏大、结构严谨的西方天文学体系，就这样被梅文鼎想象成是在中国古圣先贤"一言之指授，或一事之留传"的基础上发展起来的！当然，比起王锡阐之断言西法是"窃取"中法而成，梅文鼎的"指授"、"留传"之说听起来总算平和一些。

其三，论证西法与"回回历"即伊斯兰天文学之间的亲缘关系。梅文鼎对此的说法是：

> 而西洋人精于算，复从回历加精。
>
> 则回回泰西，大同小异，而皆本盖天。
>
> 要皆盖天周髀之学流传西土，而得之有全有缺，治之者有精有粗，然其根则一也。

梅氏能在当时看出西方天文学与伊斯兰天文学之间的亲缘关系，比我们今天做到这一点要困难得多，因为那时中国学者对外部世界的了解还非常少。不过梅文鼎把两者的先后关系弄颠倒了。当时的西法比回历"加精"倒是事实，但是追根寻源，回历还是源于西法的。在梅文鼎论证"西学中源"说的三方面中，唯有这第三方面中有一点科学成分——尽管这对于他所论证的主题并无帮助。

经过康熙帝的提倡和梅文鼎的大力阐发，"西学中源"说显得更加完备，其影响当然也大为增加。

4

"西学中源"说既有"圣祖仁皇帝"康熙帝提倡于上，又有"国朝历算第一名家"梅文鼎写书、撰文、作诗阐扬于下，一时流传甚广，无人敢于提出异议。1721 年完成的《数理精蕴》号称"御制"，其上编卷一"周髀经解"中云：

> 汤若望、南怀仁、安多、闵明我相继治理历法，间明算学，而度数之理渐加详备。然询其所自，皆云本中土流传。

上述诸人是否真说过这样的话，至少，说时处在何种场合，有怎样的上下文，都还不无疑问。倘若《数理精蕴》所言不虚，那倒是一段考察康熙帝与耶稣会传教士之间关系的珍贵材料。在清廷供职的耶稣会士虽然颇受礼遇，但终究还是中国皇帝的臣下，面对康熙的"钦定"之说，看来他们也不得不随声附和几句。

《明史》修成于 1739 年，其《历志》中重复了梅文鼎"和仲西征"的假想，又加以发挥说：

> 夫旁搜博采以续千百年之坠绪，亦礼失求野之意也。

这一派自我陶醉之说，极受中国士大夫的欢迎。

乾嘉学派兴盛时，其中的重要人物如阮元等都大力宣扬"西学中源"说。阮元是为此说推波助澜的代表人物。在1799年编成的《畴人传》中，阮元多次论述"西学中源"说，且不乏"创新"之处，例如他在卷四十五"汤若望传论"中说：

> 然元尝博观史志，综览天文算术家言，而知新法亦集古今之长而为之，非彼中人所能独创也。如地为圆体则曾子十篇中已言之，太阳高卑与《考灵曜》地有四游之说合，蒙气有差即姜岌地有游气之论，诸曜异天即郗萌不附天体之说。凡此之等，安知非出于中国如借根方之本为东来法乎！

其说牵强附会，水准较梅文鼎又逊一筹。

乾嘉学派对清代学术界的影响是众所周知的，经阮元等人大力鼓吹，"西学中源"说产生了持久的影响。这里只举一个例子：1882年，清王朝已到尾声，"西学中源"说已经提出两个多世纪了，查继亭仍在"重刻《畴人传》后跋"中如数家珍般谈道：

> 俾世之震惊西学者，读阮氏罗氏之书而知地体之圆辨自曾子，九重之度昉自《天问》，三角八线之设本自周髀，蒙气之差得自后秦姜岌，盈朒二限之分肇自齐祖冲之，浑盖合一之理发自梁崔灵恩，九执之术译自唐瞿昙悉达，借根之后法出自宋秦九韶元李冶天元一术。西法虽微，究其原皆我中土开之。

"西学中源"说确立之后，又有从天文、数学向其他科学领域推广之势。例如阮元在《揅经室三集》卷三"自鸣钟说"一文中，将西洋自鸣钟的原理说成与中国古代刻漏并无二致，所以仍是源出中土，这是推广及于机械工艺；毛祥麟将西医施行外科手术说成是华佗之术的"一体"，而且因未得真传，所以成功率不高（《墨余录》卷七），这是推广到医学；等等。这类言论多半为外行之臆说，并无学术价值可言。

5

矢忠故国的明朝遗民和清朝君臣在政治态度上是对立的，而这两类人不约而同地提倡"西学中源"说，是一个很值得注意的现象。

中国天文学史上的中西之争，始于明末。在此之前，中国虽已两度明确接触到西方天文学——六朝隋唐之际和元明之际，但只是间接传入（前一次以印度天学为媒介，后一次以伊斯兰天学为媒介），而且当时中国天文学仍很先进，更无被外来者取代之虞，所以也就没有中西之争。即使元代曾同时设立"回回"和"汉儿"两个司天台，明代也在钦天监特设回回科，回历与《大统历》参照使用，也并未出现过什么"回汉之争"。

但是到明末耶稣会士来华时，西方天文学已经发展到很高阶段，相比之下，中国的传统天文学明显落后了。明廷决定开局修撰《崇祯历书》，被认为是中国几千年的传统历法将要由西洋之法所取代，而历法在古代中国是王朝统治权的象征，如此神圣之物竟要采用"西夷"之法，岂非十足的"用夷变夏"？这对于许多一向以"天朝上国"自居的中国士大夫来说，实难容忍。正因为如此，自开撰《崇祯历书》之议起，就遭到保守派持续不断的攻击。幸赖徐光启作为护法，使《崇祯历书》得以在1634年修成，但是保守派的攻击仍使之十年之久无法颁行使用。

清人入关后，立即以《西洋新法历书》之名颁行了《崇祯历书》的修订本。他们采用西法没有明朝那么多的犹豫和争论，这是因为：一方面，中国历来改朝换代之后往往要改历，以示"日月重光，乾坤再造"，新朝享有新的"天命"，而当时除了《崇祯历书》并无胜过《大统历》的好历可供选择；另一方面，当时清人刚以异族而入主中原，无论如何总还未能马上以"夏"自居。既然自己也是"夷"，那么"东夷"与"西夷"也就没有什么大不同,完全可以大胆地取我所需。正如李约瑟曾注意到的:"在改朝换代之后,汤若望觉得已可随意使用'西'字,因满族人也是外来者。"[1]

清人入主华夏,本不自讳为"夷"——也无从讳。到1729年,雍正帝还在《大义觉迷录》卷一中故作坦然地表示:"且夷狄之名,本朝所不讳",他只是抬出《孟子》云:舜,东夷之人也;文王,西夷之人也"来强调"惟有德者可为天下君",而不在于夷夏。[2]但是实际上清人入关后全盘接受了汉文化,加之统一的政权已经经历了两代人的时间,汉族士大夫的亡国之痛也渐渐淡忘。这时清朝统治者就不知不觉地以"华夏正统"自居了。这一转变,正是康熙帝亲自提倡"西学中源"说的思想背景。

在另外一方面,最早提出"西学中源"说的黄、方、王等人,都是中国几千年传统文化养育出来的学者,又是大明的忠臣。他们目睹"东夷"入主华夏,又在天学历法这种最神圣的事情上全盘引用西夷之人和西夷之法,心里无疑有着双重的不满。其中王锡阐是最有代表性的例子。他在清朝的统治下又生活了几十年,在内心深处他一直希望看到中国传统历法重新得到使用——当然可以从西法中引用一些具体成果来弥补中法的某些不足,即所谓"熔彼方之材质,入《大统》之型模"。为此他一面尽力摘寻西法的疏漏之处,一面论证"西学中源",然后得出结论:

> 夫新法之戾于旧法者,其不善如此;其稍善者,又悉本于旧法如彼。(《历策》)

他的六卷《晓庵新法》正是为贯彻这一主张而作。

但是遗民学者又抱定在政治上不与清朝合作的宗旨,因此他们就不愿意、也无法去向清朝政府对历法问题有所建言。在这种情况下,

---

[1] 《中国科学技术史》第四卷"天学",第674页。

[2] 雍正语俱见《大义觉迷录》卷一,刊《清史资料》第四辑,中华书局,1983年版。

只能通过提倡"西学中源"说来缓解理论上的困境——传统文化的熏陶使他们坚持"用夏变夷"的理想，而严峻的现实则是"用夷变夏"，如果论证了"夷源于夏"，就能够回避两者之间的冲突。

康熙初年的杨光先事件，暴露了"夷夏"问题的严重性。这一事件可视为明末天文学中西之争的余波，杨光先的获罪标志着"中法"最后一次努力仍然归于失败。杨光先《不得已》卷下有名言曰：

> 宁可使中夏无好历法，不可使中夏有西洋人。

清楚地表明他并不把历法本身的优劣放在第一位，只不过耶稣会士既然以天文历法作为进身之阶，他也就试图从攻破他们的历法入手。当他在与南怀仁多次实测检验的较量中惨败之后，就转而诉诸意识形态方面的理由：

> 臣监之历法，乃尧舜相传之法也；皇上所在之位，乃尧舜相传之位也；皇上所承之统，乃尧舜相传之统也。皇上颁行之历，应用尧舜之历。[1]

杨氏虽然最终获罪去职，但也得到不少正统派士大夫的同情，他们主要是从维护中国传统文化这一点着眼的。因此"夷夏"问题造成的理论困境确实急需摆脱。

清朝统治者的两难处境在于：一方面，他们确实需要西学，他们需要西方天文学来制定历法，需要耶稣会士帮助办理外交（例如签订《中俄尼布楚条约》），需要西方工艺技术来制造大炮和别的仪器，需要金鸡纳霜治疗"御疾"，等等，等等；另一方面，他们又需要以中国几千年传统文化的继承者自居，以"华夏正统"自居，以"天朝上国"自居。因此，在作为王权象征的历法这一神圣事物上"用夷变夏"，日

---

[1]　黄伯禄：《正教奉褒》，上海慈母堂，1904 年版，第 48 页。

益成为令清朝君臣头痛的问题。

在这种情况下，康熙帝提倡"西学中源"说，不失为一个巧妙的解脱办法。既能继续采用西方科技成果，又在理论上避免了"用夷变夏"之嫌。西法虽优，但源出中国，不过青出于蓝而已；而采用西法则成为"礼失求野之意也"。

"西学中源"说在中国士大夫中间受到广泛欢迎，流传垂三百年之久，还有一个原因，就是当年此说的提倡者曾希望以此来提高民族自尊心、增强民族自信心。千百年来习惯于以"天朝上国"自居，醉心于"声教远被"、"万国来朝"，现在忽然在许多事情上技不如人了，未免深感难堪。阮元之言可为代表：

> 使必曰西学非中土所能及，则我大清亿万年颁朔之法，必当问之于欧罗巴乎？此必不然也！精算之士当知所自立矣！（《畴人传》卷四十五"汤若望传论"）

然而技不如人的现实是无情的。"我大清"二百六十年颁朔之法确实从欧罗巴来。"西学中源"说虽可使一些士大夫陶醉于一时，但随着时代演进，幻觉终将破碎。

6

在明清之际的思想史上，徐光启应该算得上最重要的人物之一。虽然那时中国社会的社会分工仍停留在古代的状况，徐光启不可能像在近代社会中那样以科学家的面目呈现出来，但实际上他至少是完全够格的天文学、数学家和农学家。

从科学思想史的角度来看，徐光启属于那个时代极少见的先知先觉者。由于相当深入地学习和接触了已经具备近代形态的西方科学，他能够对中西学术的优劣形成自己的比较和判断。他说过一些贬抑中国传统天文数学的话，例如：

> 至于商高问答之后，所谓荣方问于陈子者，言日月天地之数，则千古大愚也。（《徐光启集》卷二"勾股义序"）
>
> 《九章》算法勾股篇中，故有用表、用矩尺测量数条，与今《测量法义》相较，其法略同，其义全阙，学者不能识其所由。（《徐光启集》卷二"测量异同绪言"）

这些言论后来在清代"西学中源"的大合唱中大受攻击。"西学中源"说中的源头——"周髀盖天之学"，竟被指为"千古大愚"，这当然要引起梅文鼎、阮元等人的愤慨。就是将《九章算术》与《几何原本》比较，梅文鼎也照样能看出"信古《九章》之义，包举无方"的优越性（《勿庵历算书目·用勾股解几何原本之根》）。

这是因为，徐光启与梅文鼎等人处在完全不同的思想境界之中。徐光启心中并无陈腐的"夷夏"之争，他只是热情呼唤新科学的到来，并且用自身不懈的努力来传播这些新科学。有人曾将徐光启称为"中国的培根"，虽然听起来稍嫌诗意化了一点，其实大体不错。而梅文鼎等人，我们在前面已经看到，他们的学术活动在很大程度上带着"政治挂帅"的色彩。康熙帝给他们定下的任务是解脱"用夷变夏"与"用夏变夷"之间的困境；他们自己在心中定下的任务则是要在中国科学技术与西方相比处于明显劣势的情况下，尽一切可能为老祖宗、其实也就是为自己争回面子。梅文鼎等人的这种情绪，一直延续到一些当代的论著中——认为徐光启贬抑中国传统天文数学是"过分"的，而不考虑徐光启当年说这些话的历史背景和意义。

关于徐光启对待西学的态度，还有一小段公案需要一提。在主持《崇祯历书》修撰工作的过程中，徐光启上过一系列奏疏，在《历书总目表》中，他说过这样一段话：

> 翻译既有端绪，然后令甄明《大统》、深知法意者参详考定。

> 熔彼方之材质，入大统之型模；譬如作室者，规范尺寸一一如前，而木石瓦甓悉皆精好，百千万年必无敝坏。

这段话听上去非常像"中学为体，西学为用"的早期版本。徐光启在这里表示，《崇祯历书》将完全依照中国传统历法的模式，只是取用西方天文学中的一些部件（木石瓦甓）而已。然而最后修成的《崇祯历书》却从体到用完全是西方天文学的。这就成为后来一些人抨击徐光启的口实，王锡阐在《晓庵新法·自序》中的诘难可为代表：

> 且译书之初，本言取西历之材质，归大统之型范，不谓尽堕成宪而专用西法如今日者也！

考虑到修历时遇到的重重阻力，徐光启上面那段话只能看作是一种权宜之计，目的是减少来自保守派的压力，以便使修历工作得以开始进行。他的"言行不一"实有不得已的苦衷。

徐光启在全力推动新科学的同时，对于中国传统文化中那些与科学紧紧纠缠在一起的糟粕，很可能已经有了一些对那个时代来说非常超前的认识。例如方豪曾注意到，徐光启在月蚀发生时，上奏称因观测需要，自己不能参加"救护"仪式（一种在古代中国有着数千年历史的隆重仪式，目的是祈祷、恳求上天不要让处在交蚀中的日、月受到伤害，并原谅天子在人间的过失）。方豪认为徐光启这是"藉词规避"：

> 按光启不愿在月食时，随班救护，必因其时已信奉天主教，依教规不能参加此迷信之举，故藉词规避。然必如所言，亲往观测，亦决无可疑者。[1]

徐光启是不是因为碍于教规才不去"救护"，还可讨论，但是至少他认

---

[1]　方豪：《中西交通史》，岳麓书社，1987年版，第705页。

为科学观测比迷信仪式更重要。

就对新科学的态度之热情、正确而言，徐光启的同时代人中，大约只有王徵、李之藻等极少数几人差可与之比肩。半个世纪前，邵力子之论徐、王二人有云：

> 学术无国界，我们应当采人之长，补己之短，对世界新的科学迎头赶上去。他们爱国家、爱民族、爱真理的心，都是雪一般纯洁、火一般热烈的。[1]

以今视之，仍不失为极恰当的评价。

与徐光启相比，方以智在一些现代论著中得到的评价似乎还高于徐光启，这在很大程度上仍是情绪化的偏见所致。因为方氏曾经批评西学，而徐光启热烈推崇西学——在很长一段时间里，评价人物的标准一直是：批评西方就好，推崇西方就坏。当然这种情绪化的偏见也仍可以"持平之论"的面目出现，比如称赞方氏对西学既不全盘接受，也不全盘否定，因而是理智的态度云云。

方氏对西学的批评，最为人称道的是《物理小识·自序》中下面这段话：

> 万历年间，远西学人详于质测而拙于言通几。然智士推之，彼之质测，犹未备也。

这段话看起来倒也确实对西学有所肯定（"详于质测"），然而"通几"本是玄虚笼统的概念，与西方近代科学的分析、实验方法相比，有什么优越性？正如近年有研究者所指出的：

> 即便是把"质测"理解为"科学"，也难于因此而提高对方以

---

[1] 邵力子："纪念王徵逝世三百周年"，《真理杂志》，1卷2期（1944）。

智的评价。明末的西学传播，的确掺杂着许多中世纪的宗教迷信，再加上正处在近代科学的形成期，知识更新的速度较快，所以"未备"是必然的。不过"智士"是指谁呢？如果是指他本人，我们并没有看到他怎样站在科学的新高度上指出西学的"未备"。[1]

例如，方氏在《物理小识·历类》中对利玛窦所说地日距离的批评，被许多论著引为方氏批判西学而又高于西学的例证，其实是出于方氏对利玛窦《乾坤体义》有关内容的误解。[2]

方以智对于西学的态度，与当时大部分中国传统士大夫相比，并无多少高明之处。华夏文化至高无上的沙文主义情绪，一直盘踞在他们心中。方氏成为"西学中源"说的先驱者之一，并非偶然。值得注意的是，方氏那种中国"通几"胜过西方"质测"的梦幻，直到今天仍盘踞在不少中国人的脑海里。

7

"西学中源"说虽然在清代甚嚣尘上，但也不是没有对此持批判态度的人士。江永就是其中突出的例子。

江永是清代的经学大家，在天文、数学上也有很高造诣，写了一部专门阐述西方古典天文学体系的著作《数学》（共六卷，又名《翼梅》——据说是为了表示敬慕梅文鼎之意）。当时有梅文鼎之孙梅毂成，号循斋，受到康熙帝的赏识，也是"西学中源"说的大功臣。他读了江永的《数学》之后，书赠江永一联云：

殚精已入欧罗室
用夏还思亚圣言

---

[1]　樊洪业：《耶稣会士与中国科学》，中国人民大学出版社，1992年版，第141页。

[2]　樊洪业：《耶稣会士与中国科学》，第141—142页。

意思是说江永研究欧罗巴天文学固然已经登堂入室，但还希望他不要忘记"用夏变夷"的古训——还把"亚圣"孟子的大招牌抬了出来。江永当然不难体会其意，他在《数学·又序》中说：

> 此循斋先生微意，恐永于历家知后来居上，而忘昔人之劳；又恐永主张西学太过，欲以中夏羲和之道为主也。

这里的"后来居上"，即"西学中源"说主张者心目中的西方天文学；而"昔人之劳"即所谓"中夏羲和之道"。对于这种"微意"，江永断然表示：

> 至今日而此学昌明，如日中天，重关谁为辟？鸟道谁为开？则远西诸家，其创始之劳，尤有不可忘者。

江永这一小段话，言简意赅，实际上系统地反驳了"西学中源"说：

第一，江永否认西方天文学源于中国，反而强调了西方天文学家的"创始之劳"。

第二，江永明确拒绝了梅氏祖孙把西方天文学成就算到"昔人之劳"账上的做法。

第三，承认"远西诸家"能够创立比中国更好的天文学。这就否定了那种认为中国文化高于任何其他民族的信念——提出"西学中源"说正是为了维护这一信念。

不久，又有更多的著名学者加入这场争论。《畴人传》卷四十九中记载了这方面的情况。江永的弟子戴震，"盛称婺源江氏推步之学不在宣城（指梅文鼎）下"；钱大昕读了江永《数学》之后却大不以为然，写一封长信致戴震，力贬江永，说是"向闻循斋总宪不喜江说，疑其有意抑之，今读其书，乃知循斋能承家学，识见非江所及"，甚至责问戴震是否因"少习于江而为之延誉耶？"《数学》中当然不是没有错误之处，但钱大昕的不满主要是针对江永不肯加入"西学中源"说大合唱而发的。

江永的开明观点，在当时著名学者中间也并不完全孤立。例如赵翼在《檐曝杂记》卷二中，也认为西方天文学比中国的更好，而且是西方人自己创立的：

> 今钦天监中占星及定宪书，多用西洋人，盖其推算比中国旧法较密云。洪荒以来，在璇玑，齐七政，几经神圣，始泄天地之秘。西洋远在十万里外，乃其法更胜，可知天地之大，到处有开创之圣人，固不仅羲、轩、巢、燧已也。

赵翼也是非常开明的人，不仅在中学西学问题上是如此。

8

近年一些史学论著中对康熙帝的评价越来越高。言雄才大略，则比之于法国"太阳王"路易十四；言赞助学术，则常将其描绘成文艺复兴时期佛罗伦萨的科斯莫·美第奇（Cosimo Medici）一流人物。当年供奉康熙帝宫廷的耶稣会士，在给欧洲的书信和报告中，也确实经常将"仁慈"、"公正"、"慷慨"、"英明"、"伟大"等等颂辞归于康熙帝。

康熙帝对西方科学技术感兴趣、他本人也热心学习西方的科技知识，这些都是事实。在中国传统的封建社会中，出现这样一位君主诚属不易。作为个人而言，他确实可以算那个时代在眼界和知识方面都非常超前的中国人。然而作为大国之君，就其历史功过而言，康熙帝就大成问题了。

先看康熙帝热心招请懂科学技术的耶稣会士供奉内廷一事。这常被许多论著引为康熙帝"热爱科学"或"热心科学"的重要证据。但是此事如果放到中国古代长期的历史背景中去看，则康熙帝与以前（以及他之后的）许多中国帝王的行为并无不同。中国历代一直有各种方术之士供奉宫廷，最常见的是和尚或道士。他们通常以其方术——星占、预卜、医术、炼丹、书画、音乐等等——侍奉帝王左右。一般来说他们的地位近似于"清客"，但深得帝王信任之后，参与军国大事也往往有之。耶稣会士之供奉康熙帝宫廷，其实丝毫未出这一传统模式。耶稣会士们虽然不占星、不炼丹，但是同样以医术、绘画、音乐等技艺供奉御前，此外还有管理自鸣钟之类的西洋仪器、设计西洋风格的宫廷建筑等。具体技艺和事务虽有所不同，整体模式则与前代无异。宫廷中有来自远方的"奇人异士"供奉御前，向来是古代帝王引为荣耀之事，并不是非要"热爱科学"才如此。

康熙帝更严重的过失其实前贤已经指出过了，那就是：康熙帝本人尽管对西方科技感兴趣，但他却丝毫不打算将这种兴趣向官员和民众推广：

> 对于西洋传来的学问，他似乎只想利用，只知欣赏，而从没有注意造就人才，更没有注意改变风气；梁任公曾批评康熙帝，"就算他不是有心窒塞民智，也不能不算他失策。"据我看，这"窒塞民智"的罪名，康熙帝是无从逃避的。[1]

就连选择一些八旗子弟跟随供奉内廷的耶稣会士学习科技知识这样轻而易举的事，康熙帝都未做过，更不用说建立公共学校让耶稣会士传授西方科技知识，或是利用耶稣会的关系派青年学者去欧洲留学这类举措了——而这些事无疑都是耶稣会士非常乐意并且非常容易办成的。

当此现代科学发轫之初，康熙帝遇到了一个送上门来的大好机遇，使中国有可能在科技上与欧洲近似于"同步起跑"。康熙帝以大帝国天子之尊，又在位六十年之久，他完全有条件推行和促成此事。但是他的思想，就整体而言仍然完全停留在旧的模式之中。他的所谓开眼界，只是在非常浅表的层次上，多看了一些平常人看不到的稀罕物而已。

---

[1] 邵力子："纪念王征逝世三百周年"，《真理杂志》，1 卷 2 期（1944）。

康熙帝完全没有看到世界新时代的曙光。

9

前几年，席文（N. Sivin）在一篇有许多版本的文章中提出了一种动人的观点，认为 17 世纪的中国已经出现了科学革命，他说：

> （17 世纪）中国天文学家第一次开始相信数学模型可以解释和预测各种天象。这些变化等于天文学中的一场概念革命。……（这场革命）不亚于哥白尼的保守革命，而比不上伽利略提出激进的假说的数学化。[1]

但是实际上这种说法很可能只是误解。它至少面临两方面的问题。

首先，就数学模型而言，姑不论中国传统的代数方法也不失为一种数学模型，即使在西方几何模型引入之后，许多中国天文学家也只是将这种模型看成一种计算手段而已，《畴人传》卷四十九中所载钱大昕之语最为简明，可以作为代表：

> 本轮均轮本是假象。今已置之不用，而别创椭圆之率。椭圆亦假象也。但使躔离交食推算与测验相准，则言大小轮可，言椭圆亦可。

他们并不认为西方的几何模型有什么实质性的意义。古代中国学者对于讨论宇宙结构及其运行机制的真实性问题，一直是缺乏兴趣的。

其次，更为严重的问题在于，被广泛接受的"西学中源"说既已

---

[1]　席文："为什么中国没有发生科学革命——或者它真的没有发生吗？"，《科学与哲学》，第 1 期（1984）。

断言西方天文学是源出中国、古已有之的，那就不存在新概念对旧概念的替代，因而也就不可能谈到什么"概念革命"了。

　　17 世纪中国科学界最时髦、最流行的概念大约要算"会通"了。当年徐光启在《历书总目表》中早就提出"欲求超胜，必须会通"。不管徐光启心目中的"超胜"是何光景，至少总是"会通"的目的，他是希望通过对中西天文学两方面的研究，赶上并超过西方的。

　　以后王锡阐、梅文鼎都被认为是会通中西的大家。但是在"西学中源"的主旋律之下，他们的会通功夫基本上都误入歧途了——会通主要变成了对"西学中源"说的论证。正如薮内清曾深刻地指出的：

　　　　作为清代代表性的历算家梅文鼎，以折衷中西学问为主旨，并没有全面吸收西洋天文学再于此基础上进一步发展的意图。[1]

是以 17 世纪的中国，即使真的有过一点科学革命的萌芽，也已经被"西学中源"说的大潮完全淹没了。

---

[1]　（日）薮内清："明清时代的科学技术史"，《科学与哲学》，第 1 期（1984）。

第十三章　中国天学留下的遗产

农、医、天、算：中国古代号称发达的学问／中国天学留下的三类遗产／可以古为今用的遗产案例之一：新星与超新星爆发／可以古为今用的遗产案例之二：天狼星颜色问题／可以解决历史年代学问题的遗产案例：武王伐纣之年代与天象／最大的遗产是什么？

1

不少著作上都说古代中国有四大发达学科，曰农、医、天、算。这话要看从什么角度上来说了。如果从科学发展的角度来看，则此四者未可等量齐观。

中国古代的农、医二学，直到今天仍未丧失其生命力。古代中国人的农业理论和技术，对今天的农业生产仍有借鉴作用。中医的生命力更是有目共睹。西方的医学，至今仍未成为一门精密科学，因此它还不得进入"科学"之列。[1]中医当然更未成为精密科学，但有些西医束手的病症，中医却能奏功，故今日中、西医能有旗鼓相当之势。

天、算二学在古代中国常连称为"天算"，因为两者关系极为密切。这在西方也是如此。古代西方宫廷中的王家天文学家或星占学家，正式的头衔常是"数学家"。但是到了今天，中国的数学家和天文学家，和全世界的数学家及天文学家一样，全都使用西方的体系——为了照顾情绪，我们通常称为"现代数学"或"现代天文学"。今天数学系的学生，根本不去读《周髀算经》或《九章算术》；天文系的学生，当然也不去读《史记·天官书》或《汉书·律历志》。要问中国古代的

---

[1] 在西方通常的学科分类中，常将科学、数学、医学并列，就是意在强调后两者并不属于科学的范畴。这与国内公众所习惯的概念有很大不同。

数学和天学在今天还有没有生命力？我们不得不说，是没有了。

我们今天要讨论中国古代天学留下的遗产，只能在上述认识的基础之上来讨论。

2

中国古代天学的遗产究竟是什么，并不是一个容易回答的问题。祖先留下了"丰富的遗产"、"宝贵的遗产"，这些都是我们常说的话头。但那遗产究竟是什么，有什么用，该如何看待，都是颇费思量的问题，也很少见到前贤正面讨论。

中国古代的天学遗产，人们最先想到的，往往是本书第五章第2节中已经提到过的，收录在《中国古代天象记录总集》一书中的天象记录，共一万多条。这是天学遗产中最富**科学价值**的部分。古人虽是出于星占学的目的而记录了这些天象，但是它们在今天却可以为现代天文学所利用。由于现代天文学研究的对象是天体，而天体的演变在时间上通常都是大尺度的，千万年只如一瞬。因此古代的记录，即使科学性、准确性差一点，也仍然弥足珍贵。

其次是90多种历法，[1] 这是天学遗产中最富**科学色彩**的部分。天象记录之所以有科学价值，是因为它们可以在今天被利用，但它们本是为星占学目的而记录的，故缺乏科学色彩。而历法在这一点上则相反。中国古代的历法实际上是研究天体运行规律的，其中有很大的成分是数理天文学，它们反映了当时的**天文学知识**。这正是它们的科学色彩所在。不过，也就是色彩而已，因为它们实质上仍是为星占学服

---

[1]　《中国大百科全书》天文卷，第559—561页列有"中国历法表"，共93种，其中内容留下文献记载者69种。

务的。[1] 由于这些历法中的绝大部分对今天来说都已无用，[2] 它们自然不能具有像天象记录那样的科学价值了。

再其次就是本书第五、第六两章所谈的大量"天学秘籍"，外加散布在中国浩如烟海的古籍中的各种零星记载。这部分数量最大，如何看待和利用也最成问题。

我们可以尝试从另一种思路来看待中国天学的遗产。办法是将这些遗产为三类：

第一类：可以用来解决现代天文学问题的遗产。

第二类：可以用来解决历史年代学问题的遗产。

第三类：可以用来了解古代社会的遗产。

这样的分类，基本上可以将中国天学的遗产一网打尽。在下面的各节中，我们设法通过具体案例，来揭示此三类遗产的面目——这面目因历史的和专业的隔阂而被深深遮掩。

3

20 世纪 40 年代初，金牛座蟹状星云被天体物理学家证认出是公元 1054 年超新星爆发的遗迹，而关于这次爆发，在中国古籍中有最为详细的记载。[3] 随着射电望远镜——用来在可见光之外的波段进行"观测"的仪器，从第二次世界大战中的雷达派生而来——的出现和勃兴，1949 年由发现蟹状星云是一个很强的射电源。50 年代，又在公元 1572 年超新星（因当时欧洲著名天文学家第谷曾对它详加观测而得名"第谷超新星"）和公元 1604 年超新星（又称"开普勒超新星"）爆发的遗

---

[1] 全面的论证请参阅拙著《天学真原》，第四章。

[2] 我们今天所用的农历，是从历史上最后一部官方历法——清朝的《时宪历》延续而来的。然而这部历法的理论基础已经不是中国的传统天学，而是 16、17 世纪的欧洲天文学。

[3] 全面讨论此事的著作乃出于英国学者之手：D. H. Clark and F. R. Stephenson, *The Historical Supernovae*, 有中文编译本:《历史超新星》，江苏科学技术出版社，1982 年版。

迹中发现了射电源。天文学家于是形成如下猜想：

超新星爆发后可能会形成射电源。

一颗恒星突然爆发，亮度在极短的时间内增加数万倍，这种现象被称为"新星爆发"。如果爆发的程度更加剧烈，亮度增加几千万倍乃至上亿倍，则称为"超新星爆发"。这种爆发的过程中，会有极其巨大的物质和能量被喷射到宇宙空间中去。地球上的人类，因与爆发事件隔着极其遥远的距离，只是看到天空中突然出现一颗新的亮星；要是距离近一点，整个地球就将在瞬间毁灭，那也用不着再搞研究了。

幸好，超新星爆发是极为罕见的天象。如以我们的太阳系所在的银河系为限，两千年间有历史记载的超新星仅 14 颗，公元 1604 年以来一颗也未出现。因此要验证天文学家上面的设想，不可能作千百年的等待，则只能求之于历史记载。当时苏联天文学界对此事兴趣很大，因西方史料不足，乃求助于中国。1953 年，苏方致函中国科学院，请求帮助调查历史上几个超新星爆发的资料。当时的中国科学院副院长竺可桢，将此任务交给了一位青年天文学家——后来的席泽宗院士。

证认史籍中的超新星爆发记录，曾有一些外国学者尝试过，其中较重要的是伦德马克（K. Lundmark），他于 1921 年刊布了一份《疑似新星表》，直到 1955 年以前，全世界天文学家在应用古代新星和超新星资料时，几乎都不得不使用该表。然而这份表无论在准确性还是完备性方面都有严重不足。

从 1954 年起，席泽宗接连发表了《从中国历史文献的记录来讨论超新星的爆发与射电源的关系》、《我国历史上的新星记录与射电源的关系》等文，然后于 1955 年发表**《古新星新表》**，[1] 充分利用中国古代天象记录完备、持续和准确的巨大优势，考订了从殷商时代到公元 1700 年间，共 90 次新星和超新星的爆发记录。

十年之后（1965 年），席泽宗与薄树人合作，又发表了续作《中、

---

[1]《天文学报》，3 卷 2 期（1955）。

朝、日三国古代的新星记录及其在射电天文学中的意义》。[1] 此文对《古新星新表》作了进一步修订，又补充了朝鲜和日本的有关史料，制成一份更为完善的新星和超新星爆发编年记录表，总数则仍为 90 次。此文又提出了从彗星和其他变星记录中鉴别新星爆发的七项判据，以及从新星记录中区别超新星爆发的两项标准，并且根据历史记录讨论了超新星的爆发频率。

《古新星新表》一发表，立刻引起美、苏两国的高度重视。两国都先对该文进行了报道，随后译出全文。当时苏联如此反应，自在情理之中；但考虑到当时中国与西方世界的紧张关系，美国的反应就有点引人注目了——当然美国的天文学家可以不去管政治的事。在国内，《古新星新表》得到竺可桢副院长的高度评价，他将此文与《中国地震资料年表》并列为新中国成立以来科学史研究的两项重要成果——事实上，未来天体物理学的发展使《古新星新表》的重要性远远超出他当时的想象之外。而续作发表的第二年，美国就出现了两种英译本。此后 20 多年中，世界各国天文学家在讨论超新星、射电源、脉冲星、中子星、X 射线源、γ 射线源等等最新的天文学进展时，引用这项工作达 1000 次以上！在国际天文学界最著名的杂志之一《天空与望远镜》上出现的评论说：

> 对西方科学家而言，可能所有发表在《天文学报》上的论文中最著名的两篇，就是席泽宗在 1955 年和 1965 年关于中国超新星记录的文章。[2]

而美国天文学家斯特鲁维（O. Struve）等人那本经常被引用的名著《二十世纪天文学》中只提到一项中国天文学家的工作——就是《古新星新表》。[3] 一项工作达到如此高的被引用率，受到如此高度的重视，

---

[1] 《天文学报》，13 卷 1 期（1965）。

[2] Sky and Telescope, 1997—10.

[3] O. Struve and V. Zebergs, *Astronomy of the 20th Century*, Crowell, Collier and Macmillan, New York, 1962.

而且与此后如此众多的新进展联系在一起，这在当代堪称盛况。这盛况之所以出现，必须从当代天文学的发展脉络中寻求答案。

按照现代恒星演化理论，恒星在其演化末期，将因质量的不同而形成白矮星、中子星或黑洞。有多少恒星在演化为白矮星之前，会经历新星或超新星爆发阶段？讨论这个问题的途径之一，就是在历史记录的基础上来计算超新星的爆发频率。恒星演化理论又预言了由超密态物质构成的中子星的存在。1967 年 A. Hewish 发现了脉冲星，这种天体不久就被证认出正是中子星，从而证实了恒星演化理论的预言。而许多天文学家认为中子星是超新星爆发的遗迹。至于黑洞，虽然无法直接观测到，但可以通过间接方法来证认。天鹅座 X—1 是一个 X 射线源，被认为是最有可能为黑洞的天体之一；而有的天文学家提出该天体可以与历史上的超新星爆发记录相对应。后来天文学家又发现，超新星爆发后还会形成 X 射线源和 γ 射线源。上述这些天体物理学和高能物理学方面的新进展，无不与超新星爆发及其遗迹有关，因而也就离不开超新星爆发的历史资料。这就是《古新星新表》及其续作长期受到各国天文学家高度重视的深层原因。

在说了这么多虽没有方程却也有不少专业术语的话头之后，我当然没有忘记我们是在谈遗产。上面只是展示了中国古代天象记录中的超新星爆发记录可以有何等巨大的科学价值，但这些记录的原始形态——或者说遗产的原始面目——到底是什么样子，总该让人看一眼吧？那么好吧，我们就来看几则 1054 年超新星爆发在中国古籍中的记录：

1. 至和元年五月己丑（按即公元 1054 年 7 月 4 日），（客星）出天关东南可数寸，岁余稍没。（《宋史·天文志》）

2. 嘉祐元年三月辛未，司天监言：自至和元年五月，客星晨出东方，守天关，至是没。（《宋史·仁宗本纪》）

3. 至和元年五月己丑，客星晨出天关之东南可数寸（嘉祐元年三月乃没）。（《续资治通鉴长编》卷一七六）

4. 至和元年七月二十二日，守将作监致仕杨维德言：伏睹客星出现，其星上微有光彩，黄色。谨案《黄帝掌握占》云：客星不犯毕，明盛者，主国有大贤。乞付史馆，容百官称贺。诏送史馆。(《宋会要》卷五十二)

5. 嘉祐元年三月，司天监言：客星没，客去之兆也。初，至和元年五月，晨出东方，守天关，昼见如太白，芒角四出，色赤白，凡见二十三日。(《宋会要》卷五十二)

这就是有着极高科学价值的史料的本来面目！其中第4条特别有意思：一位"离休干部"杨维德（他曾长期在皇家天学机构中担任要职）上书，认为根据星占学理论，此次超新星爆发兆示"国有大贤"，因此请求将有关记录交付史馆，并让百官称贺（贺"国有大贤"），皇帝还真批准了他的请求。科学的史料，就这样隐藏在星占学文献之中。

4

不要以为能为现代天文学所用的遗产只存在于前述一万多条天象记录中。事实上它们也存在于别的文献中，若不做披沙拣金之功，这样的遗产根本就不会被人认识。

天狼星，西名 Sirius，即大犬座 α 星，它是全天球最亮的恒星，呈现出耀眼的白色。它还是目视双星（按照天文学界的习惯，主星称为 A 星，伴星称为 B 星），而且它的伴星又是最早被确认的白矮星。但是这样一颗著名的恒星，却因为古代对它的颜色的某些记载而困扰着现行的恒星演化理论。

在古代西方文献中，天狼星常被描述为红色。学者们在古代巴比伦楔形文泥版文书中，在古代希腊—罗马时代托勒密、塞涅卡（L.A.Seneca）、西塞罗（M. T. Cicero）、贺拉斯（Q. H. Flaccus）等著名人物的著作中，都曾找到类似的描述。1985 年，W. Schlosser 和 W.

Bergmann 两人又旧话重提，宣布他们在一部中世纪早期的手稿中，发现了图尔（Tours，在今法国）的主教格里高利（Gregory）写于公元 6 世纪的作品，其中提到的一颗红色星可以确认为天狼星，因而断定天狼星直到公元 6 世纪末仍呈现为红色，此后才变成白色。他们的文章在权威的科学杂志《自然》上发表之后，[1] 引发了对天狼星颜色问题新一轮的争论和关注。截至 1990 年，《自然》上至少又发表了 6 篇商榷和答辩的文章。

按照现行的恒星演化理论以及今天对天狼星双星的了解，其 A 星根本不可能在一两千年的时间尺度上改变颜色。若天狼星果真在公元 6 世纪时还呈红色，那理论上唯一可能的出路就在其 B 星了：B 星是一颗白矮星，而恒星在演化为白矮星之前，会经历红巨星阶段，这样似乎就有希望解释关于天狼星呈红色的记载——认为那时 B 星盛大的红光掩盖了 A 星。然而按照现行恒星演化理论，从红巨星演化到白矮星，即使考虑极端情况，所需时间也必远远大于 1500 年。故古代西方关于天狼星为红色的记载始终无法得到合理解释。

于是天文学家之说只能面临如下选择：要么对现行恒星演化理论提出怀疑，要么否定古代天狼星为红色的记载的真实性。

确实，西方古代关于天狼星为红色的记载，其真实性并非无懈可击。塞涅卡是哲学家，西塞罗是政论家，贺拉斯是诗人，他们的天文学造诣很难获得证实。托勒密固然是大天文学家、星占学家，但其说在许多细节上仍有提出疑问的余地。至于格里高利主教所记述的红色星，不少人认为其实并非天狼星，而是大角（西名 Arcturus，牧夫座 α 星），[2] 该星正是一颗明亮的红巨星。

西方古代的记载既然扑朔迷离，令人困惑，那么以中国古代天学史料之丰富，能不能提出有力的证据，来断此一桩公案呢？我存此心久矣，但史料浩如烟海，茫无头绪，殆亦近于可遇不可求之事。

---

[1] Schlosser, W. and Bergmann, W., Nature, 318（1985），45.

[2] 例如：Mc Cluskey, S. C., Nature, 325（1987），87 ；van Gent, R. H., Nature, 325（1987），87，皆认为格里高利所记述者为大角。

古代并无天体物理学，古人也不会用今人的眼光去注意天体颜色。中国古籍中提到恒星和行星的颜色，几乎毫无例外都是着眼于这些颜色的星占学意义。在绝大部分情况下，这些记载对于我们要解决的天狼星颜色问题而言没有任何科学意义。这些记载通常亦同一格式出现，姑举两例如下：

> 其东有大星曰狼。狼角、变色，多盗贼。(《史记·天官书》)
> 狼星……芒、角、动摇、变色，兵起；光明盛大，兵器贵。……其色黄润，有喜；色黑，有忧。(《灵台秘苑》卷十四)

上面引文中的"狼"、"狼星"皆指天狼星。显而易见，天狼星随时变色，忽黄忽黑（这类占辞中也有提到红色者），甚至"动摇"，从现代天文学常识出发，就知道是绝对不可能的。但是在中国古代星占学文献中，却对许多恒星都有类似的占辞，只是所兆示之事各有出入而已。要想解决天狼星在古时的颜色问题，求之于这类记载是没有意义的，甚至会误入歧途。比如 Gry 和 Bonnet-Bidaud 两人在《自然》上发表的文章就犯了这样的错误，[1]他们正是依据上引《史记·天官书》中"狼角变色多盗贼"一句话立论，断言天狼星当时正在改变颜色。他们本想通过这条史料，来消除现行恒星演化理论中天狼星这一反例；却不知由于许多别的恒星也有"变色"的占辞，若据此推断它们当时都在变色，就反而产生出几十上百个新的反例，那现行的恒星演化理论就要彻底完蛋了。

总算皇天不负苦心人，经过了四五年的留心寻访，我终于发现，中国古代星占学文献中还留下了另一类关于天狼星颜色的记载——这类记载数量虽少但却极为可靠，这实在是值得庆幸之事。

原来中国古代的星占学家，不仅相信恒星的颜色会经常变化从而兆示不同的星占学意义，而且相信对于行星也有同样的占法。而他们为了确定行星的不同颜色，就为颜色制定了标准——具体的做法，是

---

[1] Gry, C. and Bonnet-Bidaud, J. M., Nature, 347（1990），625.

确定若干颗著名恒星作为不同颜色的标准星。解决天狼星颜色问题的契机，其实就隐藏在这里。

司马迁在《史记·天官书》中谈到金星的颜色时，给出了五色标准星如下：

白比狼，赤比心，黄比参左肩，苍比参右肩，黑比奎大星。

上面五颗恒星依次为：天狼星、心宿二（天蝎座 α）、参宿四（猎户座 α）、参宿五（猎户座 γ）、奎宿九（仙女座 β）。此五星中，除天狼星的颜色因本身尚待考察，先置不论，其余四星的颜色记载都属可信：

红色标准星心宿二，现今确为红色。

青色标准星参宿五，现今确呈青色。

黄色标准星参宿四，今为红色超巨星，但学者们已经证明，它在两千年前呈黄色，按照现行恒星演化理论是完全可能的。[1]

黑色标准星奎宿九，今为暗红色，古人将它定义为黑，自有其道理。中国古代五行思想源远流长，深入各个方面，星分五色，正是五行思想与星占学结合的必然表现，而与五行相配的五色有固定的模式，必定是白（金，西方）、红（火，南方）、黄（土，中央）、青（木，东方）、黑（水，北方），故其中必须有黑。但此五色标准星是夜间观天时作比照之用的，若真正为"黑"，那就会看不见而无从比照，因此必须变通，以暗红代之。

由对此四星颜色的考察可见，司马迁在给出五色标准星时对各星颜色的记述是可信的，故"白比狼"亦在可信之列。

还有一个可以庆幸之处：古人既以五行五色为固定模式，必然会对上述五色之外的中间色进行近似或变通，使之硬归入五色系统中去，则他们谈论星的颜色时就难免不准确；然而对于天狼星颜色问题而言，

---

[1]　薄树人等："论参宿四两千年来的颜色变化"，《科技史文集》第 1 辑，上海科学技术出版社，1978 年版，第 75—78 页。

恰好是红、白之争，两者都在上述五色模式之中，就可不必担心近似或变通问题。这也进一步保证了利用中国古代文献解决天狼星颜色问题时的可靠性。

现在我们已经知道，只有古人对五色标准星的颜色记载方属可信。不过，司马迁的五色标准星还只是一个孤证，能不能找到更多的证据呢？经过对公元7世纪之前中国专业星占学文献的广泛搜索（因7世纪之后西方文献中不再出现天狼星为红色之说），我一共找到四条记载，列表如下：

	原文	出处	作者	年代
1	白比狼	《史记·天官书》	司马迁	100 B.C.
2	白比狼	《汉书·天文志》	班固、班昭、马续	100 A.D.
3	白比狼星、织女星	《开元占经》卷四十五引《荆州占》	刘表	200 A.D.
4	白比狼星	《晋书·天文志》	李淳风	646 A.D.

关于表中作者、年代两栏中内容的考订，比较乏味，这里就从略了。[1]不过对于第3项，即《荆州占》中的"白比狼星、织女星"，值得注意。织女星，即织女一（天琴座 α），与天狼星是同一类型的白色亮星，这就进一步证实了上表中对天狼星当时颜色记载的可靠性。

这样我们就可以得到结论：

天狼星至少从两千多年前开始，就一直被中国星占学家作为白色的标准星。因而在中国古籍可信的记载中，**天狼星始终是白色的**，而且从无红色之说。所以**现行恒星演化理论将不会在天狼星颜色问题上再受到任何威胁了。**

拙文《中国古籍中天狼星颜色之记载》1992年在《天文学报》发表，次年在英国杂志上出现了英译全文。以研究天狼星颜色问题著称的 R. C. Ceragioli 在权威的《天文学史杂志》上发表述评说：

---

[1] 参见江晓原："中国古籍中天狼星颜色之记载"，《天文学报》，33 卷 4 期（1992）。

迄今为止，以英语发表的对中国文献最好的分析由江晓原在
1993 年作出。在广泛研究了所有有关的文献之后，江断定，在早
期中国文献中，对于天狼星颜色问题有用的星占学史料只有四条。
而此四条史料所陈述的天狼星颜色全是白色。[1]

这也可算是古为今用的一个成果了。当然从天文学发展的角度来看，
其重要性根本无法望《古新星新表》之项背。

　　我想我应该在这里提醒读者，与上面两个带有可遇不可求色彩的
古为今用的案例相比，还有一个利用古代天象记录为现代天文学服务
的方向，即利用古代交食、月掩星之类的记录，来研究地球自转的变
化问题。这个方向的工作没有那种可遇不可求的色彩，当然也出不了
像《古新星新表》那样精彩的成果。这方面的工作已有不少天文学家
做过，不过我不能在这里介绍了——读者一定还记得我在本书引言里
谈到的关于方程的趣话，而关于地球自转变化问题，不写方程是无法
讲清楚的，至少我没有这个能力。

5

　　中国天学留下的第二类遗产，可以用来解决历史年代学问题。
　　由于年代久远，史料湮没，有些重要历史事件发生的年代，或重
要历史人物的诞辰，至今无法确定。历史年代学就是要设法解决这类
问题。所幸天人感应之说，无论是东方还是西方的古人都曾相信。古
人认为上天与人间事务有着神秘的联系，所以在叙述重大历史事件的
发生，或重要人物的诞生死亡时，往往把当时的特殊天象（如日月食、

---

[1] R. C. Ceragioli, The Debate Concerning "Red" Sirius, *Journal for the History of Astronomy*, Vol.26, Part 3, 1995.

彗星、客星、行星的特殊位置等）虔诚记录下来。有些这样的记录得以保存至今。这种出于星占学目而做的天象记录，是留给历史学家的一份意外遗产——借助于现代天文学知识，对这些天象进行回推计算，就可能成为确定事件年代的有力证据。

可以这么说，在中国的历史年代学问题中，最著名、也是最迷人的问题，是武王伐纣的年代问题。由于传世的有关史料相当丰富，却又不够确定，使得这一课题涉及许多方面，如文献史料的考证、古代历谱的编排、古代天象的天文学推算、青铜器铭文的释读等。这一课题为古今中外的学者提供了一个极具魅力的舞台，让他们在此施展考据之才，驰骋想象之力。正因为如此，这一课题研究发端之早、持续年代之长、参与学者之多，都达到了惊人的程度。

最先在这一舞台上正式亮相的，或当推西汉末的刘歆，《汉书·律历志》中的"世经"篇，就是刘歆依据《三统历》求得的历史年代学成果——我们甚至可以据此尊刘歆为中国的历史年代学之父，他在其中推定武王伐纣之年为公元前 1122 年。这一结果在此后两千年间一直有不少赞同者。《新唐书·律历志》则有唐代一行《大衍历议》中所推算的武王伐纣之年，换算成公历是公元前 1111 年。这一结论也得到董作宾等现代学者的支持。

古代学者多从刘歆之说，但也提出了多种不同的伐纣年代。进入 20 世纪之后，研究武王伐纣之年问题的学者越来越多。加入这一队伍的不仅有中国学者，还有日本、欧洲和美国的学者。研究者在中外各种学术刊物上发表了大量论著。截至 1997 年，已经发表的关于武王伐纣之年的研究论著已超过 100 种之多。在此百余种论著中，研究者们提出了多达 44 种不同的伐纣之年，前后相差百年以上。[1] 有的学者还随着研究的不断深入，以今日之我而否定昨日之我，先后提出过不止一种伐纣之年的结论。

---

[1] 参见北京师范大学国学研究所编：《武王克商之年研究》，北京师范大学出版社，1997 年版。

　　在如此之多的关于武王伐纣年代的研究中，最著名的当数已故紫金山天文台台长张钰哲依据哈雷彗星回归而推算的武王伐纣之年。其结论为：如果《淮南子·兵略训》所载"武王伐纣，……彗星出而授殷人其柄"之彗星是哈雷彗星的话，则武王伐纣发生于公元前 1057 年。[1]

　　张钰哲的论文发表后，立即在学术界引起了反响。由于此文发表在绝大多数人文学者不阅读的《天文学报》上，赵光贤认为"此说有科学依据，远比其他旧说真实可信"，专在《历史研究》杂志上撰文加以介绍，并作补充说明，[2] 因而使其说影响更加扩大。不少人文学者靡然信从之，关于此种情形，上海博物馆副馆长李朝远的话堪称典型例证："1057 年之说，被我们认为是最科学的结论而植入我们的头脑。"[3]

　　但是，人文学者对张钰哲论文之高度信从，恐非他本人所望。今天我们重温他那篇著名的论文，仍不能不佩服他那天文学家的严谨，因为他在论文结尾处的原话是：

　　　　假使武王伐纣时所出现的彗星为哈雷彗星，那么武王伐纣之年便是公元前 1057—1056 年。

问题就出在"假使"这两个字上。要想确定《淮南子·兵略训》上所说的那颗彗星是否为哈雷彗星，实际上极为困难——几乎是不可能的。我的研究生卢仙文博士，最近在他的博士论文"中国古代彗星记录研究"中，用一小部分篇幅考察了这一问题，得出了极有说服力的结论。这里略述其大要如下：

　　对于周期彗星，理论上可以用动力学方法进行推算以确定其回归年代。但对于武王伐纣这样的课题而言，因为关于伐纣之年的争议范围在 100 年左右，故周期大于 200 年和小于 20 年的彗星都没有意义。

---

[1]　张钰哲："哈雷彗星的轨道演变趋势和它的古代史"，《天文学报》，19 卷 1 期（1978）。

[2]　赵光贤："从天象上推武王伐纣之年"，《历史研究》，1979 年第 10 期。

[3]　李朝远：1998 年 1 月 10 日致江晓原的电子信件。

只有**哈雷型**彗星（周期在 20—200 年之间，注意**哈雷彗星**是哈雷型彗星中的典型）可以有助于定年。哈雷型彗星的长期运动较为稳定，如果在回推其轨道的积分过程中能找到历史记录进行修正的话，可以得到相当可靠的结果。

日本学者长谷川一郎统计了公元 1700 至 1900 年这 200 年间的肉眼可见彗星。[1] 星等大于 6 等者共 177 次，[2] 其中哈雷型彗星出现 9 次，仅占 5% 的比例。根据目前的理论，近 3000 年间彗星出现的数量是均匀的，因此，可假设上述比例同样适合于公元前 1000—1100 年。也就是说，哈雷型彗星在各种彗星中只占约 5% 的比例。

接着将公元 1700 至 1900 年这 200 年间清代的彗星记录与长谷川一郎的"肉眼可见彗星表"进行对比，故结论是：正史所录可靠，而地方志所录不可靠。因此我们统计正史中彗星记录的分布情况。公元 1 至 1500 年间，正史中共记录了 345 次彗星（多处记录，但从时间和方位上判断，是同一颗彗星同一次出现，则只计为一次）。其中，目前已证认的短周期彗星 21 次均为哈雷型，占 6%（其中哈雷彗星本身 19 次）。这一结果与上述长谷川一郎对西方近代资料统计的结果十分吻合。

现在将上述结果应用到武王伐纣问题上来。据上所述，我们已知武王伐纣时出现的彗星是哈雷型彗星的概率仅为 5%—6%，是哈雷彗星的概率就更小。另一方面，目前世界上已发现的哈雷型彗星总共有 23 颗，其中 17 颗周期小于 100 年，也就是说，如果回推的话，至少有 17 颗将在公元前 1000—1100 年这 100 年间出现。从概率上来说，确定为哪一颗的可能性小于十七分之一。将此十七分之一与前面哈雷型彗星所占比例 5%—6% 相乘，所得即为《淮南子·兵略训》上所记彗星为哈雷彗星的概率，而这概率仅为 0.0029—0.0035，简单地说，就是 0.3% 左右！而常识告诉我们，显然不可能将结论建立在 0.3% 的概率

---

[1]　Hasegawa. I., Vistas in Astronomy, 24（1980），59.

[2]　这里指"目视星等"，用来衡量人肉眼所见天体的亮度。星等的数字越大，星越暗。通常肉眼能见的下限是 6 等。特别亮的天体其星等可以是负的，比如天狼星为 –1.6 等，太阳为 –26.74 等。

之上。

退一步讲，既使我们知道此彗星具体为哪一颗哈雷型彗星，也很难确定它在公元前1100—1000年间出现的精确时间。举例来说，哈雷彗星的回归有30多次被证实，是哈雷型彗星中轨道参数被掌握得最为精确的一颗，但回推它在公元前1100—1000年间回归过近日点的精确时间，不同学者所得相差达2年多，这些结果不可能同时与观测记录相符合。例如，从彗星星历表可知，张钰哲所推与武王伐纣时彗星记载相符，而Yeomans.K和Kiang.T（江涛）所推就与记载不符。也就是说，武王伐纣时的彗星很可能不是哈雷彗星。其他的彗星就更不用说，差别只能更大。因此结论是：

无法依据现存的彗星记录确定武王伐纣的年代。

这个结论听上去令人沮丧。然而事实就是如此。科学研究但求其真，如遇到和感情上之美好事物相冲突，亦不能为后者而害其真。

所幸天无绝人之路，关于武王伐纣时的天象记录，远不止彗星一项。在中国古籍中，关于武王伐纣时的天象，共有十种文献记载，涉及十余项天象。但是其中有些项是没有意义的——或是在武王伐纣争议年代范围之内不可能发生的天象，或是记载过于宽泛。根据我们的研究，可以有助于确定武王伐纣之年的比较确切的天象记载共有如下几项：

1. 利簋铭文：

　　武王征商，佳甲子朝，岁鼎克闻，夙有商。

2. 《汉书·律历志下》引《尚书·周书·武成》：

　　惟一月壬辰，旁死霸，若翌日癸巳，武王乃朝步自周，于征伐纣。

　　粤若来三（当作二）月，既死霸，粤五日甲子，咸刘商王纣。

　　惟四月既旁生霸，粤六日庚戌，武王燎于周庙。翌日辛亥，祀于天位。粤五日乙卯，乃以庶国祀馘于周庙。

3.《逸周书卷四·世俘解第四十》：

> 惟一月丙午旁生魄（应作"壬辰旁死魄"），若翼日丁未（应作"癸巳"），王乃步自于周，征伐商王纣。越若来二月既死魄，越五日甲子朝，至，接于商。则咸刘商王纣。

4.《国语·周语下》伶州鸠对周景王所言：

> 昔武王伐殷，岁在鹑火，月在天驷，日在析木之津，辰在斗柄，星在天鼋。星与日辰之位，皆在北维。

5.《淮南子·兵略训》：

> 武王伐纣，东面而迎岁，……。

这些天象涉及日月位置、行星位置、月相等等。

其中《武成》和《世俘》篇中的月相术语，"旁死霸"、"既死霸"、"既旁生霸"等，一直是令人困惑的问题。最早刘歆提出的是"定点说"，其说用来解读《武成》、《世俘》等篇，畅然可通。但后来用之于出土青铜器上的金文，就大成问题，于是"四分说"出而大行其道。这里我们依据李学勤最新的研究成果，[1] 以定点解读《武成》和《世俘》篇中的月相术语。

根据这些天象，我和我的研究生钮卫星博士、卢仙文博士，借助国际天文学界最先进的星历表软件 DE404，推算出伐纣日程表如下（表中最右面"重要史事及记载"栏中，黑体字为说明；宋体字为《武

---

[1]　李学勤："《尚书》与《逸周书》中的月相"，《中国文化研究》，1998 年第 2 期（夏季号）。

成》记事；楷体字为《世俘》记事）：

公元前 1045—1044 年武王伐纣日程表

公元前日期	干支	水星黄经	木星黄经	月亮黄经	太阳黄经	历日	重要史事及记载
1045.11.7.	辛酉	208.63	164.09	209.55	215.63	十二 1	朔
1045.12.3.	丁亥	250.32	167.95	193.72	242.19	27	月在天驷，日在析木之津
1045.12.4.	戊子	251.98	168.07	206.30	243.21	28	师初发
1045.12.7.	辛卯	256.99	168.42	243.08	246.27	一 1	朔（殷正月，周二月）
1045.12.8.	壬辰	258.66	168.53	255.06	247.29	2	惟一月壬辰旁死霸
1045.12.9.	癸巳	260.33	168.64	266.94	248.31	3	武王乃朝步自周
1045.12.22.	丙午	279.90	169.82	76.24	261.55	16	望 惟一月丙午旁生魄
1045.12.23.	丁未	280.99	169.89	91.51	262.57	17	若翼日丁未，王乃步自于周
1044.1.5.	庚申	281.34	170.55	263.88	275.75	30	粤若来二月既死霸。
1044.1.6.	辛酉	280.30	170.58	275.69	276.76	二 1	朔（殷二月，周三月）
1044.1.9.	甲子	276.89	170.65	311.17	279.80	4	克商 咸刘商王纣
1044.1.12.	丁卯	273.66	170.70	347.63	282.82	7	太公望命御方来，丁卯望至，告以馘俘
1044.1.13.	戊辰	272.73	170.70	0.25	283.83	8	王遂御循追祀文王。时日，王立政
1044.1.17.	壬申	270.18	170.70	54.63	287.86	12	吕他命伐越戏方，壬申，荒新至，告以馘俘

（续表）

公元前日期	干支	水星黄经	木星黄经	月亮黄经	太阳黄经	历日	重要史事及记载
1044.1.26.	辛巳	271.11	170.52	186.60	296.88	21	侯来命伐靡，集于陈，辛巳，至，告以馘俘
1044.1.29.	甲申	273.03	170.40	224.88	299.88	24	百弇以虎贲誓，命伐卫，告以馘俘
1044.2.4.	庚寅	278.43	170.09	296.26	305.86	四1	朔（改正）
1044.2.19.	乙巳	297.84	168.87	137.73	320.73	16	**望**　既旁生霸
1044.2.24.	庚戌	305.66	168.35	208.02	325.65	21	武王燎于周庙
1044.2.25.	辛亥	307.29	168.24	220.86	326.63	22	祀于天位　荐俘殷王鼎。告天宗上帝。王列祖
1044.2.26.	壬子	308.95	168.13	233.33	327.61	23	王服衮衣，矢琰，格庙
1044.2.27.	癸丑	310.64	168.01	245.51	328.60	24	荐殷俘王士百人
1044.2.28.	甲寅	312.35	167.90	257.47	329.58	25	谒戎殷于牧野
1044.3.1.	乙卯	314.08	167.78	269.31	330.56	26	乃以庶国祀馘于周庙
1044.3.6.	庚申	323.12	167.19	329.04	335.45	五1	朔

最后结论是：周武王于公元前1045年12月4日出兵，至公元前1044年1月9日牧野之战，克商。

6

谈过上面两类遗产的案例，本章的尾声也快到了。其实解决现代天文学问题也好，解决历史年代学问题也好，都只是利用了中国天学遗产的一小部分。那么这宗遗产的最大部分可作什么用呢？老实说，我们中国人受"有什么用"这一提问方式之害，简直罄竹难书。为什么就容不得没用的东西呢？不幸的是，我自己也是深受其害之人，因此这里还得来谈用处。这用处就是——可以用来了解古代社会。

倘若读者有耐心读本书从头读到此处，应该早已知道中国古代没有今天意义上的天文学，有的只是"天学"。这天学不是一种自然科学，而是深深进入古代中国人的精神生活。一次日食、一次金星或木星的特殊位置、更不要说一次彗星出现了，这些天象在古代中国人看来都不是科学问题（他们也没听说过这个字眼），而是一个哲学问题，一个神学问题，或是一个政治问题——政治这个字眼他们是听说过的。

由于天学在中国古代有如此特殊的地位（这一地位是其他学科，比如数学、物理、炼丹、纺织、医学、农学之类根本无法相比的），因此它就成为了解古代中国人政治生活、精神生活和社会生活的无可替代的重要途径。古籍中几乎所有与天学有关的文献都有此用处。具体案例，则在《天学真原》和本书的前面几章中随处都是，这里不烦再举。中国天学这方面遗产的利用，将随着历史研究的深入和拓展，比如社会学方法、文化人类学方法之日益引入，而展开广阔的前景。

索引

后记

　　这本书前前后后写了两年多，幸亏上海人民出版社和编辑罗湘女士耐心极好，一直在等我。现在终于完稿。"反思"起来，有些害怕：步入不惑之年以后，我越来越感到事务丛杂，身不由己。各种各样的义务和欲望都在无情分割着我的时间。我一直想着"什么时候能有一段日子全心全意看书写作"，但这样的日子已经十年没有出现了。原想写完这本书可以有几天这样的日子，但现在这篇后记还未写完，已经又有几件事等在旁边了。看来还得认命。

　　这回我要特别感谢我的两位研究生，钮卫星博士和卢仙文博士，本书中引用了不少他们的研究成果。我还必须感谢女儿江天一，她为了换取我让她玩 PC Game 的允许，曾为本书若干章节植字，动机虽不"纯洁"，效果则终是好的。

江晓原

一九九八年七月十六日

于上海双希堂

　　在看本书校样时，我已经调入上海交通大学，担任科学史与科学哲学系——这是中国第一个这样的系——的首任系主任。该系由中国科学院自然科学史研究所与上海交通大学人文社会科学学院联合组建，是中国的科学史学科建制化过程中最重大的历史事件之一。

江晓原　补记

一九九九年三月